唯美配色设计丛书

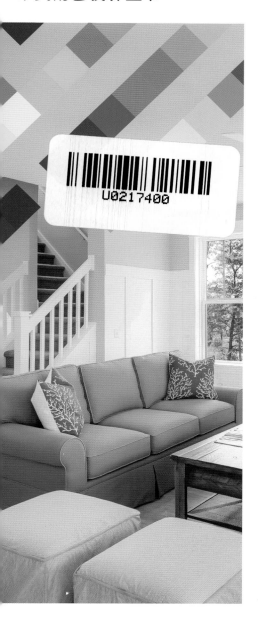

室内设计配色宝典

室内设计搭配技巧　配色理论

典型样例分析　优秀作品欣赏

唯美世界　曹茂鹏　编著

中国水利水电出版社

www.waterpub.com.cn

·北京·

内 容 提 要

《室内设计配色宝典》一书轻松、幽默地讲解了室内设计、室内色彩搭配知识。全书共 7 章，包括室内设计的色彩搭配知识与常用配色设计流程、色彩理论基础知识、不同空间的巧妙设计、室内设计风格、巧用软装饰搭配、设计师谈室内色彩感知、定制自己的个性化室内搭配。通过循序渐进地讲解色彩原理与室内搭配技巧，让读者不仅能学习到经典的室内设计色彩搭配知识、赏析海量的优秀作品，而且能掌握室内设计配色的实用技巧。

《室内设计配色宝典》赠送资源有：《色彩名称速查》《8 个色彩搭配工具使用指南》《配色宝典》《构图宝典》《解读色彩情感密码》《43 个高手设计师常用网站》电子书。

《室内设计配色宝典》是室内设计、环境设计、空间设计等行业必备的色彩速查工具书，也可作为各大培训机构、装饰公司的理论参考书籍，还可作为各大、中专院校必读的色彩专业教材。当然，它也是为自己进行家庭装修设计的参考手册。

图书在版编目（CIP）数据

室内设计配色宝典 / 唯美世界编著 . —北京：中国水利
水电出版社 , 2019.11
　（唯美配色设计丛书）
　ISBN 978-7-5170-7973-6

Ⅰ . ①室… Ⅱ . ①唯… Ⅲ . ①室内装饰设计 - 配色
Ⅳ . ① TU238.23

中国版本图书馆 CIP 数据核字 (2019) 第 215779 号

丛 书 名	唯美配色设计丛书
书　　名	室内设计配色宝典 SHINEI SHEJI PEISE BAODIAN
作　　者	唯美世界　曹茂鹏　编著
出版发行	中国水利水电出版社 （北京市海淀区玉渊潭南路1号D座 100038） 网址：www.waterpub.com.cn E-mail：zhiboshangshu@163.com 电话：（010）62572966-2205/2266/2201（营销中心）
经　　售	北京科水图书销售中心（零售） 电话：（010）88383994、63202643、68545874 全国各地新华书店和相关出版物销售网点
排　　版	北京智博尚书文化传媒有限公司
印　　刷	北京天颖印刷有限公司
规　　格	145mm×210mm　32开本　6印张　215千字
版　　次	2019年11月第1版　2019年11月第1次印刷
印　　数	0001—5000册
定　　价	69.80元

前言

"万紫千红、五光十色、五颜六色、花红柳绿、五彩缤纷、姹紫嫣红、五彩斑斓"听起来是那么动人，这些都是形容色彩的，可见色彩的魅力是无穷的。色彩不仅可以搭配得好看、奇特，而且可以传递出不同的色彩情感。本书将带领读者朋友畅游于色彩的世界中，了解室内设计中色彩的基础知识，学习如何进行色彩搭配、如何搭配独具风格的室内设计。

本书围绕室内设计、室内配色讲解，共 7 章。第 1 章是基础章节，讲解了在正式学习色彩搭配之前需要掌握的室内色彩搭配知识、技巧与常用的配色设计流程，通过对本章学习，可以知道室内设计中为何要精通色彩搭配，掌握色彩搭配提高术、用"配色软件"快速模拟配色、用"软装饰搭配软件"快速设计、室内配色设计的常用流程。第 2～5 章是进阶章节，讲解了"选择你需要的色彩""不同空间的巧妙设计""室内设计风格""巧用软装饰搭配"，通过对这 4 章的学习，可精通关于室内设计多个方面的内容。第 6 章和第 7 章讲解了"设计师谈室内色彩感知"和"定制自己的个性化室内搭配"，通过海量实例从专业角度设计出多种风格的个性化的室内搭配方案。

显著特色

1. 人人能看懂，学习更轻松

本书以轻松和舒适的写作方式，用通俗易懂的语言和大量精美的图片，介绍室内色彩设计的相关内容，让读者更容易对室内设计产生兴趣、对专业术语轻松掌握。

2. 海量推荐搭配方案

除了基本的理论讲解、案例鉴赏外，本书大量的室内配色方案会令读者朋友对室内设计有更直观的认识。

3. 明确的色彩搭配方法

配色软件、软装饰搭配软件、色相对比、同类色搭配、类似色搭配、互补色搭配、无彩色搭配，让读者学透色彩搭配。

4．解决实用问题

本书针对室内的不同空间、不同风格、软装饰搭配等装修设计中可能遇到的实际问题推荐设计方案和色彩方案，带领读者进入色彩与设计的新境界。

5．赠送资源丰富，扩展知识水平

本书赠送《色彩名称速查》《8 个色彩搭配工具使用指南》《配色宝典》《构图宝典》《解读色彩情感密码》《43 个高手设计师常用网站》电子书。

扫码并关注右侧的微信公众号，输入 SNP9736 发送到公众号后台，可获取以上资源的下载链接，将该链接复制到电脑浏览器的地址栏中，按回车键即可开始下载。

关于作者

本书由唯美世界组织编写，曹茂鹏承担主要编写工作，参与本书编写和资料整理的还有瞿玉珍、荆爽、林钰森、董辅川、王萍、瞿雅婷、杨力、瞿学严、杨宗香、王爱花、李芳、瞿云芳、曹元钢、瞿君业、瞿强业、瞿红弟、曹元杰、张吉太、唐玉明等人。

最后，祝君在学习路上一帆风顺。

编　者

目
录

目录

目录

目
录

目
录

6.9 初秋素色搭配，淡雅风正流行 139

6.10 一抹亮丽的色彩，增添空间生机感.................. 140

6.11 经典不过时的黑白灰，打造潮流风空间 141

6.12 就是爱夸张，巧用亮眼元素打造个性夏日居室.. 142

6.13 充满活力的黄色调，点亮秋季家居生活 143

6.14 复古色调扮家新趣味，穿越时光之旅 144

6.15 男生的最爱，炫酷的空间色彩搭配.................. 145

6.16 贴近自然生活的色调，搭配出清新的空间设计.. 146

6.17 舒适又文艺的书房，让阅读成为一种享受......... 147

6.18 立面空间的艺术装饰，解决白墙的单调问题..... 148

6.19 风雅意境的色调搭配，营造舒适放松的环境..... 149

6.20 当优雅的色调遇上简约的设计，展现品质生活 . 150

6.21 冷色调的空间搭配，打造属于你的时尚之家..... 151

6.22 甜蜜色调家装物语，爱上浪漫生活 152

6.23 高贵、神秘的空间设计，展现迷人的室内色彩 . 153

6.24 海洋主题空间设计，让你时刻拥有清爽空间..... 154

6.25 天真烂漫的少年时代，童趣十足的儿童房 155

第 7 章 定制自己的个性化室内搭配 156

7.1 利用镜面装饰，扩大空间面积........................ 158

7.2 选好灯具，点亮空间重点 159

7.3 让楼梯的拐角丰富多彩 160

7.4 原木家居，打造自然清新的居住空间 161

7.5 角落里的风景，美边柜装扮技巧 162

7.6 空间中的俏皮色，点亮空间环境 163

7.7 巧妙布置室内植物.. 164

7.8 挑选布艺，软装饰变化的惊喜 165

目录

第 1 章

在正式学习色彩
搭配之前

　　室内设计的色彩搭配是装修中重要的环节，如果色彩搭配不协调，就会影响空间风格、品位、视觉效果，甚至会影响居住者的心情。色彩在室内设计中的作用体现在以下三个方面。

　　色彩与室内功能性：室内色彩主要应满足功能和精神要求，目的在于使人们感到舒适。首先应认真分析每一空间的使用属性，如儿童居室、老年人居室与新婚夫妇居室，由于使用对象的不同或使用功能的区别，空间色彩的设计就必须有所区别。

　　色彩面积与空间：充分发挥室内色彩对空间的美化作用。在室内色彩设计时，首先要定好空间色彩的主色调；然后根据主色调确定辅助色调和点缀色调。大面积的色块不宜采用过分鲜艳的色彩，小面积可使用高饱和度色彩，起到画龙点睛的妙用。

　　色彩改善空间效果：充分利用色彩的物理性能和色彩对人心理的影响，可在一定程度上改善空间效果。例如居室空间过高时，可用邻近色，减弱空旷感；柱子过细时，宜用浅色；柱子过粗时，宜用深色，减弱笨粗之感。

1.1　学室内设计，为何要精通色彩搭配

　　室内设计的好坏关系着人们家居生活的质量，而色彩能直接影响人的心情和空间感受，因而在室内设计中起着重要作用，因此家居设计需要精通色彩搭配的技巧。

　　每一种颜色都具有色彩属性，能影响人的心情和空间感受。例如，红、橙、黄等暖色会使人联想到激情、温暖、开朗；而绿、青、蓝、紫等冷色会使人联想到安静、沉稳、神秘……

　　色彩的运用会直接影响信息的判断。例如，室内主题是否鲜明、思想是否被正确传达、室内装修是否具有感染力等，这些问题都与色彩的作用是否得到充分发挥有着密切联系。

1.1.1　色彩与室内空间的关系

　　基于色彩与色彩之间的色相、明度、纯度不同，搭配在一起能够产生不同的室内空间感，例如可产生前进、后退的层次效果。明度高的暖色有突出、前进的感觉，明度低的冷色有后退、远离的感觉。

　　在空间狭小的房间里，选择白色和米色装饰家居，可赋予居室开阔的感觉。

　　用镜子来点缀，可以在视觉上扩大空间。

　　同一空间配色通常建议要少于三种（黑白两色不算）；金银色几乎可以与任何颜色搭配。

　　遵循墙浅、地中、家具深的配色原则绝不会错。不建议将材质不同但色系相近的材料放在一起，以免给人留下混乱的感觉。

1.1.2　色彩与硬装设计

在进行硬装设计时，使用色彩可以将空间划分为多个区域；也可以通过合适的色彩搭配，突出室内设计风格。

开始对色彩进行设计时，首先需要从整体进行考虑，以达到和谐统一的效果。

各种色彩在进行搭配时要分清主次，且色彩不宜过多，可以选一种主色，其余颜色作为辅助。

不同的色彩色相可以将室内空间快速划分为多个区域，如顶棚、墙面、地面。

墙面装饰色彩缤纷，但是注意这些色彩的面积要很小，否则空间会显得凌乱。

对于商业和办公环境来说，在硬装设计时要做好色彩与光线的协调配合，让员工和客户更好地达成合作，提升工作效率。

1.1.3 色彩与软装设计

在室内设计中，硬装设计与软装设计之间是相互依存的关系。无论什么风格的室内设计都需要软装与硬装相结合，才能营造出令人满意的家居环境。

在室内设计中，软装饰设计也是很重要的环节。软装饰使用的壁纸、布艺、装饰画中的纹饰、色彩也会影响空间的风格，因此需要先确定空间风格，再选择软装饰。

家居设计讲究统一和谐，即硬装和软装之间要相互协调、相互搭配。例如，客厅墙体使用深绿色、沙发使用深红色，这样的空间对比太过强烈，会令人感觉不舒适，应调整一下色调，让二者相互统一才会形成和谐的美感。

1.1.4　灯光色彩与空间

在室内设计中灯光是最好的搭配，一款别致的灯饰不仅带来视觉上的灯光体验，同时带来温暖亲切的灯光效果，也为温馨的居室增添艺术韵味，更为空间的立体层次增色不少。

灯是自然光的延续，餐厅内的灯具可通过明暗搭配的光影组合，营造出温馨的氛围。

可以利用壁灯与吊灯来组合光源，创造出典雅闲适的餐厅空间。

明亮的灯光可以使空间散发出温馨的暖意和排解压力的舒适感。

卧室作为休息的地方，通常使用柔和的灯光，太过明亮、刺眼的灯光会影响人们入睡。

圆形的吊顶照明加以壁灯照明可以给空间带来均匀柔和的光照，营造出温暖的视觉感受。

暖黄色的灯光加以白色调的灯光，给人一种温暖、舒适的视觉感，有助于人们睡眠。

1.2 色彩搭配提高术

色彩搭配是室内设计中的基础，是重中之重。设计师要对色彩以及色彩的搭配多加了解，塑造、培养自身设计能力，这是一个需要大量经验积累的过程。本节就来阐述如何正确培养色彩搭配的能力。

1. 多看

培养色彩搭配能力，首先要了解色彩的基本概念、原理。

为了对色彩进行更多的了解，可以多看一些流行的设计网站、配色网站，从中选择自己喜欢的搭配感觉，时间久了就会对潮流搭配风格有更多感受。

2. 多学

想要提升自身的色彩搭配能力，还要多加学习。在学习中积累经验，从而掌握色彩的多种搭配方式。本书第 2 章就讲解了大量色彩搭配方式。

在学习色彩搭配的过程中，构建自身足够理性的色彩分析与色彩搭配认知的能力。

3. 多练

学习了色彩搭配的多种方式方法之后，就要多加练习。通过大量的练习，更加了解且掌握对色彩的运用，从而得到自己想要的色彩搭配。练习的方式很多，例如可以动手在 Photoshop 软件中将几种色彩搭配在一起，也可将喜欢的多张设计图片打印后分别剪下，重新手动拼接在一起，组合成一种新的设计。

4. 多拍、多记录

平时出行或者看书时，若看到很好的色彩搭配（如风景、建筑、服饰、美食），可以将其拍下来，日积月累，在记录的过程中学习如何配色。

5. 多思考

通过多加思考，在脑海中想象室内装饰的材质、外形，然后将其色彩搭配，以在室内设计时加强画面的感染力。

1.3 用"配色软件"快速模拟配色

网络上有很多网页配色的文章，同样也有很多配色软件，稍微关注过的设计师应该都知道"色轮""色卡"等辅助性配色工具，但这些都是从印刷介质上的色彩系统延伸出来的，具有局限性。

在此推荐的几个配色网站是有针对性的。与"色轮""色卡"不同，它们的主要目标是帮助设计师在设计的过程中寻找最合适的配色方案和激发配色灵感。每个网站的使用方式略有不同，自己动手试一下会很快掌握。

1. Colourlovers

2. Adobe Color

3. Colorjack

4. ColorExplorer

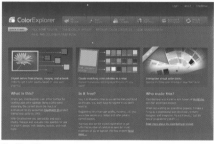

5. DeGraeve

6. colorhunter

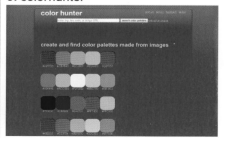

1.4　用"软装饰搭配软件"快速设计

　　目前有很多软装饰搭配软件，可以方便我们进行空间和软装饰搭配设计。例如非常好用的"美间"软件，可快速进行软装饰搭配设计。在该软件中可以搜索需要的硬装饰，如墙、窗等。也可搜索软装饰元素，如窗帘、地毯等。在左侧搜索到相应的模型，然后拖动到右侧，例如添加一款地毯。

　　可以继续搜索并添加家具，如沙发、茶几。继续添加剩余的家具，如灯、椅子等。最终客厅空间就拼接完成了。熟练掌握这类软件的使用，可以快速培养我们对空间的结构、家具、配饰、配色的搭配理念。

1.5　掌握室内配色设计的常用流程

　　此节以地中海风格的室内设计为例来说明掌握室内配色设计的常用流程。

1.5.1 客户特点及诉求

该方案属于地中海风格的室内设计。 客户是一对年轻的夫妇, 因去过西班牙旅行, 所以很喜欢那里的地中海风格的家居设计。因此, 在设计家居时, 空间主要以明亮悦目、自然的柔和配色为主。业主有自己的想法, 希望将海洋元素应用到家居设计中, 给人自然浪漫的感觉。

1.5.2 设计解析

本方案以地中海风情作为主要设计要点, 以凸显地域特色。采用蓝色为室内主色, 加以米色、褐色等自然颜色做辅助, 在设计上不需要太多的技巧, 而是保持简单的理念, 捕捉光线、取材大自然, 大胆而自由地运用色彩、样式来打造让客户满意的室内设计。

 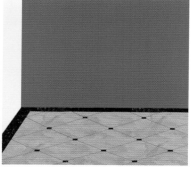

1.5.3 色彩搭配

室内色彩主要是为了满足功能性与需求性, 力求与房屋空间结构相结合, 充分发挥色彩在空间的作用。例如用"红色", 它具有热情、喜庆的含义, 在室内装点一抹红可以增加空间气氛。运用"蓝色", 该色彩拥有大海的寓意, 给人一种开阔、放松的感觉。不同的色彩在家居装饰中占有不同的地位, 巧妙地运用色彩能带来多姿多彩的家居生活。

步骤 1：确定主色

色彩搭配建议按照先主后次的顺序来选择。首先确定主色。该室内设计的主色取自于大海的颜色——蓝色，突出室内的纯净、自然。蓝色不仅代表了大海本身的颜色，还有清凉、安逸的感觉，能够有效地拉近家庭成员之间的距离，促进其感情和睦。

CMYK=76，36，10，0

步骤 2：选择辅助色

选择好主色后，为了贴近地中海风格，可以选择沙滩的色彩——米色来作为辅助色。蓝色搭配米色，是经典的"大海配色"，能够充分表现出自然清新的生活氛围。

步骤 3：选择点缀色

辅助色确定之后，会发现整体画面有些过于平淡，此时可以选择一些比较亮眼的颜色来装饰室内，为画面增添生机。

例如，绿色的植物、条纹的座椅、黄色的落地灯和吊灯等，给空间添加自然的气息，带来新鲜的空气，同时可以使我们心情平和，身体得到放松。

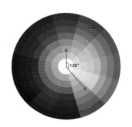

步骤 4：其他色彩

在空间中同样可以增添一丝明亮的色彩来点缀，点明空间主题的同时在色彩方面也起到与主基调相呼应的效果。而在墙壁上装饰着住户喜欢的海边风景照，能够很好地凸显地中海风格的室内特色。

配色方案

■ CMYK=75, 34, 11, 0　　■ CMYK=26, 38, 50, 0

□ CMYK=10, 6, 12, 0　　■ CMYK=61, 33, 100, 0

第 2 章

选择你需要的
色彩

　　色彩在室内设计中起着至关重要的作用。利用色彩不仅可以装饰出不同风格的室内设计，而且适合的色彩搭配可以让人居住更舒适。针对不同的室内装饰风格、不同的室内空间、不同的人群要选择不同的色彩搭配。

　　在室内设计中，针对个人的喜好、地域特点以及空间大小的不同，可以进行不同的色彩搭配，使室内既实用又美观，从而营造出适合自己居住的空间氛围。

　　通常，在室内设计中色彩的搭配方式有同类搭配、邻近色搭配、互补色搭配、无彩色搭配。

2.1　认识色彩

2.1.1　色相、明度、纯度

色相是指颜色的基本相貌，它是色彩的首要特性。

有彩色的基本色。

基本色相：红、橙、黄、绿、蓝、紫。

加入中间色成为 24 个色相。

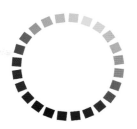

明度是指色彩的明亮程度，明度不仅表现在物体明暗程度，还表现在反射程度的系数。

蓝色里不断加黑色，明度就会越来越低。低明度的暗色调，会给人一种沉着、厚重、忠实的感觉。

蓝色里不断加白色，明度就会越来越高。高明度的亮色调，会给人一种清新、明快、华美的感觉。

在加色的过程中，中间的颜色明度是比较适中的。这种中明度色调会给人一种安逸、柔和、高雅的感觉。

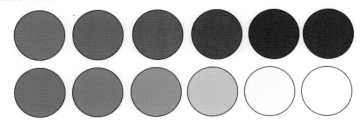

纯度是指色彩的鲜艳程度，表示颜色中所含有色成分的比例，比例越大则色彩越纯，比例越低则色彩的纯度就越低。

通常高纯度的颜色会产生强烈、鲜明、生动的感觉。

中纯度的颜色会产生适当、温和、平静的感觉。

低纯度的颜色就会产生一种细腻、雅致、朦胧的感觉。

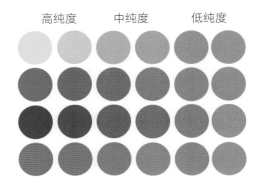

高纯度　　中纯度　　低纯度

2.1.2　色相对比

　　色相对比是将两种或两种以上的颜色放在一起，由于相互之间的色相影响而产生的差别现象。色彩的色相对比分为同类色对比、邻近色对比、类似色对比、对比色对比和互补色对比。需要注意，两种颜色的色相对比没有严格的界限，通常色相环内相隔 15°左右的两种颜色为同类色，若两种颜色相差 20°，就很难界定。因此只要掌握色彩的大概感觉即可，不需要被严格的概念约束思维。

1. 同类色对比

　　同类色对比是指在 24 色色相环中，在色相环内相隔 15°左右的两种颜色的对比。同类色对比较弱，给人的感觉是单纯、柔和的，无论总的色相倾向是否鲜明，整体的色彩基调容易统一协调。

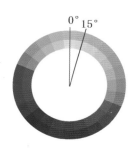

同类色搭配及色彩情感

丰收

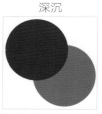

CMYK=6, 20, 88, 0
CMYK=27, 38, 75, 0

深沉

CMYK=100, 99, 55, 21
CMYK=84, 66, 14, 0

妩媚

CMYK=46, 100, 7, 0
CMYK=69, 100, 14, 0

青涩

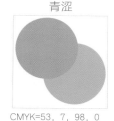

CMYK=53, 7, 98, 0
CMYK=38, 6, 96, 0

怀旧

CMYK=89, 51, 77, 13
CMYK=39, 21, 57, 0

浪漫

CMYK=4, 35, 0, 0
CMYK=31, 80, 9, 0

生机

CMYK=16, 85, 87, 0
CMYK=75, 8, 75, 0

淡雅

CMYK=32, 6, 7, 0
CMYK=11, 4, 3, 0

2. 邻近色对比

邻近色是在色相环内相隔 30°～ 60°的两种颜色，且两种颜色组合搭配在一起，会让整体画面起到协调统一的效果。如橘红与橘色，道奇蓝与午夜蓝都属于邻近色的范围内。

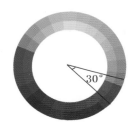

邻近色搭配及色彩情感

炽热

CMYK=24，98，29，0
CMYK=5，84，60，0

温暖

CMYK=6，56，80，0
CMYK=8，2，75，0

酸涩

CMYK=7，2，68，0
CMYK=74，13，72，0

梦幻

CMYK=64，38，0，0
CMYK=64，84，0，0

热情

CMYK=0，46，91，0
CMYK=27，100，100，0

惬意

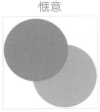

CMYK=67，25，58，0
CMYK=54，13，29，0

和煦

CMYK=4，31，60，0
CMYK=14，23，36，0

温情

CMYK=18，39，19，0
CMYK=44，67，54，1

3. 类似色对比

在色环中相隔 60°~90° 的颜色为类似色。例如，红与橙、黄与绿等均为类似色。类似色由于色相对比不强，给人一种舒适、温馨、和谐而不单调的感觉。

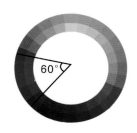

类似色搭配及色彩情感

热忱

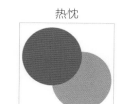

CMYK=7, 95, 71, 0
CMYK=36, 34, 40, 0

魅惑

CMYK=46, 92, 0, 0
CMYK=86, 77, 0, 0

自然

CMYK=22, 14, 76, 0
CMYK=84, 35, 71, 0

醇厚

CMYK=4, 50, 79, 0
CMYK=54, 87, 67, 18

青春

CMYK=54, 0, 36, 0
CMYK=11, 10, 70, 0

健康

CMYK=14, 9, 35, 0
CMYK=73, 34, 71, 0

恬静

CMYK=46, 16, 33, 0
CMYK=8, 23, 50, 0

活力

CMYK=5, 22, 89, 0
CMYK=80, 50, 0, 0

4. 对比色对比

当两种或两种以上色相之间的色彩处于色相环相隔 120° 左右范围时，属于对比色关系。例如，橙与紫、黄与蓝等色组。对比色给人一种强烈、明快、醒目、具有冲击力的感觉，容易引起视觉疲劳和精神亢奋。

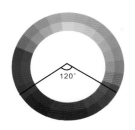

对比色搭配及色彩情感

| 潇洒 | 快乐 | 芬芳 | 浓郁 |

 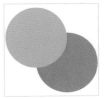 

| CMYK=0，84，62，0 | CMYK=67，14，0，0 | CMYK=8，56，25，0 | CMYK=62，81，25，0 |
| CMYK=84，48，11，0 | CMYK=2，28，65，0 | CMYK=55，28，78，0 | CMYK=26，69，93，0 |

| 前卫 | 鲜明 | 温婉 | 亮丽 |

| CMYK=67，47，0，0 | CMYK=35，11，6，0 | CMYK=1，8，22，0 | CMYK=0，54，75，0 |
| CMYK=10，0，57，0 | CMYK=90，81，52，20 | CMYK=38，69，50，0 | CMYK=79，24，44，0 |

5. 互补色对比

在色环中相差 180° 左右为互补色。例如，红与绿、黄与紫、蓝与橙。这样的色彩搭配可以产生最强烈的刺激作用，对人的视觉具有最强的吸引力。其效果是产生最强烈的刺激对比。

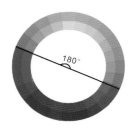

互补色搭配及色彩情感

刺激

CMYK=19, 100, 100, 0
CMYK=87, 43, 100, 5

鲜明

CMYK=8, 5, 84, 0
CMYK=62, 100, 21, 0

有趣

CMYK=47, 14, 98, 0
CMYK=33, 99, 31, 0

律动

CMYK=75, 40, 0, 0
CMYK=0, 67, 79, 0

个性

CMYK=16, 85, 87, 0
CMYK=75, 8, 75, 0

大胆

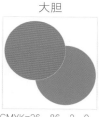

CMYK=26, 86, 0, 0
CMYK=65, 0, 81, 0

潮流

CMYK=7, 4, 86, 0
CMYK=58, 0, 15, 0

自由

CMYK=92, 75, 0, 0
CMYK=5, 22, 89, 0

2.1.3　明度对比

明度对比是指色彩明暗程度的对比，也称为色彩的黑白对比。按照明度顺序可将颜色分为低明度、中明度和高明度三个阶段。在有彩色中，柠檬黄为高明度，蓝紫色为低明度。

在明度对比中，画面的主基调取决于黑、白、灰的量和互相对比产生的其他色调。

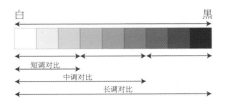

2.1.4　纯度对比

纯度对比是指因为颜色纯度差异产生的颜色对比效果。纯度对比既可以体现在单一色相的对比中，也可以体现在不同色相的对比中。通常将纯度划分为三个阶段：高纯度、中纯度和低纯度。而纯度的对比构成又可分为强对比、中对比、弱对比。

同色不同背景的明度对比效果

在不同明度的背景下，同样的粉色在明度较低的背景中显得更加醒目。

色彩间明度差别的大小，决定明度对比的强弱。

3°差以内的对比又称为短调对比。短调对比给人舒适、平缓的感觉。

3°～6°差的对比称为明度中对比，又称为中调对比。中调对比给人朴素、老实的感觉。

6°差以外的对比称为明度强对比，又称为长调对比。长调对比给人鲜明、刺激的感觉。

同样是三种色彩组合的搭配，但是当纯度不同时，所展现的视觉效果是不同的。从左至右，纯度由高变低。

纯度变化的基调

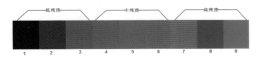

低纯度的色彩基调（灰调）会给人一种简朴、暗淡、消极、陈旧的视觉感受。
中纯度的色彩基调（中调）会给人一种稳定、文雅、中庸、朦胧的视觉感受。
高纯度的色彩基调（鲜调）会给人一种积极、强烈、亮眼、冲动的视觉感受。

2.1.5 面积对比

面积对比是指在同一画面中因颜色所占面积大小产生的色相、明度、纯度等对比效果。当强弱不同的色彩并置在一起的时候，若想看到较为均衡的画面效果，可以通过调整色彩的面积来达到目的。

不同面积的相同颜色在相同背景下的面积对比效果

橙色在蓝色背景中所占面积不同，画面的冷暖对比也不同。

2.1.6 冷暖对比

冷色和暖色是一种色彩感觉，当冷色和暖色并置在一起形成的差异效果即为冷暖对比。

画面中冷色和暖色的占据比例，决定了整体画面的色彩倾向，也就是暖色调或冷色调。不同的色调能表达出不同的意境和情绪。

左图为极具代表性的暖色搭配；中间图为极具代表性的冷色搭配；右图为以冷色为主暖色为辅，整体偏冷的搭配。

2.2 同类色搭配，更统一

在室内设计时常用色彩搭配主要分为4种，分别为同类色搭配、邻近色搭配、互补色搭配、无彩色搭配。

同类色搭配是指同一色系的颜色进行搭配，如玫红色搭配粉红色。

邻近色搭配是指在色相环上相邻近的颜色进行搭配，如绿色和蓝色、红色和黄色就互为邻近色。

互补色搭配是指在色相环上两个对立的颜色相配，如黄色与紫色、红色与绿色，这种对比的配色在视觉上给人以最强的冲击感。

无彩色搭配是指尽量不掺有彩色颜色，整个空间的色彩搭配主要为黑、白、灰三种颜色。

2.2.1　红

红色是一种给人温暖、热情感觉的色彩。强烈的色彩运用到空间中，在视觉上给人带来冲击感的同时又能突出质感。红色可以展现热情开朗的性格、活力四射的青春、积极向上的心态。

该卧室设计属于简约的美式风格。整体空间采用玫瑰红为主色进行色彩搭配，充分展现出热情、浪漫的空间氛围。

暖灰色的地面增大了空间上的视觉感，再加上米色的窗帘和搭配有序的床品，让整体设计在空间布局上层次分明的同时，给人以舒畅、清爽明快之感。

搭配木质床头柜一方面提高了居住者的品位，另一方面也为各种物品提供了合适的存放空间。

该空间设计属于简约的现代风格。整体空间采用鲜红色为主色进行色彩搭配，充分营造出一种热情、温暖的空间氛围。

将一整面曲型墙刷成鲜红色，为避免在视觉上过于刺激，在中间位置设计一块白色的手写墙，再配以黑色的电视机，打破了红白相间的单调，极具层次感。

鲜红色的圆柱形座凳，与鲜红色的背景墙相呼应；加上六边形的白色座椅，充分打造出时尚又前卫的空间环境。

灰、白、红色的圆点地板，同样为整体空间增添跳跃感。

该客厅设计属于简约的现代风格。整体空间采用宝石红色为主色进行色彩搭配，充分展现出高贵、奢华的空间氛围。

宽广的客厅中，放置一对宝石红沙发，在为单调的空间增加色彩的同时，又彰显出居住者的独特品位。

在浅灰色的墙面地板的映衬下，更加凸显沙发的存在感，使人眼前一亮。

将两个沙发合二为一，增大客厅的空间，让活动更加自由。

2.2.2 橙

橙色是欢快活泼、充满活力的颜色，同时是收获的颜色。将该色彩运用到室内设计中会给人眼前一亮的明快感。在家居装修中选择橙色，在除去房间冰冷感的同时给人带来温暖。例如，餐厅中使用橙色，可使人感觉更有食欲；客厅中使用橙色，可使空间更具活力。

该空间设计属于简约的现代风格。整体空间设计采用开放式的格局，选择书架、镜子作为隔断，充分展现出宽敞明亮的空间环境。

采用橙色系的色调进行色彩搭配，给人眼前一亮且极具温暖感觉的空间氛围。

一个巨大的木阶梯书架，一组橙黄色的软沙发，共同营造出温暖又舒适的室内环境。

该空间设计属于简约的现代风格。整体空间设计采用开放式的格局，选用橙色的墙壁作为隔断。在厨房设计中采用橙色作为主色，一方面给人以健康、活力的感觉，另一方面可以提高食欲。

在橙色的布局里又巧妙地加入白色和黑色，让整体设计在活泼中又散发出丝丝的稳重。

将多个区域充分合理地利用，在打破空间单调的同时增添了些许趣味性。

该空间设计属于简约的现代风格。整体空间采用橙色系的色调为主色进行色彩搭配，充分展现出宽敞明亮的空间环境。

长方形的休息椅，在简单中透露出不凡，让工作疲惫的居住者，入门即有一种归属感。

柿子橙色的格局和现代化元素完美地融合一起，再配以实木的隔断线条设计，彰显出大气、高雅的空间氛围。

简单新颖的设计，加上壁画的搭配，充分营造出时尚温馨的室内环境。

2.2.3 黄

黄色有着金色的光芒，是色相环中最明亮的色彩。黄色的室内设计在给人快乐、活泼的同时，又可以营造出家的温暖。

该餐厅设计属于简约的现代风格。空间中只简单地摆放着餐桌椅，展现出一个干净简洁的室内空间。

大胆的万寿菊黄色桌椅，打破以往单调的用餐场所，再加上圆形的吊灯设计，在为整体空间增加细节的同时，让环境更加明亮。

橄榄色的地毯、白色纱质的窗帘，让整体的就餐环境清新浪漫而充满活力。

该厨房设计属于简约的美式风格。整体空间采用铬黄色为主色，搭配白色进行点缀，充分展现出轻快、有朝气的空间环境。

让人眼前一亮的铬黄色橱柜，再配以白色的装饰，让两大色彩分割空间的上下。而且铬黄色的橱柜为单调的厨房增添了太阳般的光辉，让人在宽敞明亮的环境中食欲大增。

该客厅设计属于简约的现代风格。整体空间采用铬黄色为主色，搭配白色进行点缀，给人一种亮眼、有活力的视觉感。

空间中的家具搭配均采用设计较为圆润的边角，这样可以较好地避免磕碰，比较适合老人和孩子居住。

铬黄色的折叠隔板，具有收缩功能，让空间的利用效果更加灵活。

2.2.4　绿

绿色是植物的颜色,象征着生命,也是一种表现和平友善的中间色。它具有稳定性,运用到室内能起到保护作用,达到缓解疲劳、舒展心情的效果。同时绿色也代表着希望和清新。

该餐厅设计给人的第一印象就是"绿色"。仔细来看,使用了多种同一色系的绿色搭配,是同类色对比。并且搭配了类似色青色,使得作品很舒适。

铬绿色的墙壁搭配白色的花纹装饰,以及花纹的窗户,为整个餐厅环境增添了清新与浪漫感。

大胆的铬绿色座椅加以白色的餐桌,打破以往单调的用餐场所。而极具设计感的吊灯设计,为空间增添了时尚之感。

该厨房设计属于简约的现代风格。整体空间采用苔藓绿色为主色,加以白色、黑色作点缀,为清新的空间环境增添了些许的简洁感。

整个厨房设计简约、低调,不甚张扬,造型优雅的透明橱柜,可以清晰地看到橱柜里的厨具,令清新的厨房更加具有自然生机。

橱柜中间白、黑色纹路的操作台、瓷砖,与具有纹路的地板相呼应,为整个厨房增添了些许清雅风采。

该办公空间设计属于简约的现代风格。整体空间设计采用开放式的格局。

每一间独立的办公室采用透明的玻璃当作隔断,充分展现出宽敞的办公氛围。

室内中间采用橄榄绿的支撑柱子,草绿色隔断设计而成的休息区,以及稍浅一些橄榄绿的地砖,色彩之间的层次变化,为单调的办公空间增添了一丝清新与生机感。

2.2.5　青

　　青色的色彩感情十分丰富，不同的色调变化可以表现出不同效果，既可以表现出高贵华美，也可以体现轻快柔和。而运用青色来装饰的空间，清脆而不张扬、伶俐而不圆滑、清爽而不单调。

　　该浴室设计属于简约的现代风格。整体空间采用水青色为主色，搭配些许白色，让人视觉上感到十分舒服，仿佛在海洋中畅游，可冲淡因快节奏生活带来的疲惫感。

　　水青色的墙壁由小马赛克设计而成，在空间上有层次感的瓷砖材质本身具有耐磨、不易渗透污渍，以及表面光滑结实、易清理的特性。

　　该儿童房卧室设计整体空间采用醒目的青色搭配白色调，使得明亮的空间透露出活力轻盈的感觉。同时，儿童喜爱非常亮丽的色彩，青色是绝佳选择。

　　白色绒毛的地毯在保护儿童不受伤害的同时，也突显了它的干净整洁。

　　儿童房设计考虑的重中之重是安全性和干净。白色绒毛的地毯一定要经常清洗，以免螨虫和细菌伤害儿童。

　　天青色沙发、无边泳池、海洋，无须多说，都是满满的独有的幸福感，同一色系搭配，非常和谐统一、清爽愉悦。

　　该户外空间设计中"天青色"的移动沙发可以拼接出不同的会话区域，根据具体的情况可以把它们组合为一个圆形、S形，或者其他形式的休闲空间。

　　天青色座椅的承重部分采用黑灰色的柳条设计而成，既打破了天青色的单调，也为座位的移动提供了便利。

2.2.6 蓝

蓝色是冷静的代表，可以联想到广阔的天空、大海。空间采用蓝色，会使室内纯净、沉稳，具有准确、理智的意象。蓝色既有智慧冷静的特点，又流露出清新爽快的感觉。

该厨房设计属于简约的美式风格。整体空间设计以宝石蓝为主色，搭配些许白色作点缀，充分展现出安静又沉稳的空间环境。

宝石蓝的橱柜，加上白色纹路的操作台，给人一种深邃静谧的感觉。

厨房灶台在左边，洗菜盆在右边，距离差距正合适，方便做饭做菜，做好的饭菜可以直接放在后面的桌子上，符合人体工程学设计。

该客厅设计属于极简主义风格。整体空间包围在宝石蓝色里，给人一种深海静谧的感觉。空间都是一种颜色，是一种大胆的尝试。

虽然都是蓝色系的色彩，但是仔细来看，色彩的色相还是有一定的区别，多种不同色相、明度的蓝色搭配，细节丰富、不乏味。

家具少而精致，沙发低矮风趣，是孩子的游乐场。两盏白色低悬错落的吊灯，像两只活泼的水母，是整个屋子的点睛之笔，打破了蓝色的寂静。

该客厅设计采用蓝色为主色，搭配白色、褐色为点缀色，充分展现出安逸又沉稳的空间环境。

蓝色调的家居搭配，为空间添加明亮的色彩，同时使得室内纯净、沉稳。

褐色的圆桌上方摆放着不同造型的花瓶，闲暇时间可以坐在椅子上品茶看书，充分营造出舒适安逸的空间氛围。

2.2.7　紫

　　紫色可表现出梦幻、妩媚、雍容华贵的视觉感。紫色在家居中很难应用，也正因此，紫色的配色方案更显珍贵。紫色除了作为背景色大面积使用之外，也更多被运用在沙发、背景墙、窗纱等软装饰设计中。

　　该书房设计采用丁香紫色为主色，搭配白色作点缀，充分展现出品位非凡的空间环境。

　　整体空间中以多条"线"组成，不同数量以及方向所构成的形态与质感各有不同，它能令室内环境更具有节奏感。

　　该卧室设计属于浪漫的美式风格。空间墙壁刷成矿紫色，搭配床四周的纱幔、抱枕、挂画，打破了空间的暗淡。这些元素色彩相互呼应，体现出女性的浪漫、妩媚。

　　室内整个空间布局分散而不凌乱，空间功能强大丰富，慵懒而舒适。

　　在空间形状不规则的情况下，先确定最大件家具的摆放位置，如床铺，再根据剩余空间形状特点摆放家具，如沙发、梳妆台。

　　该客厅设计采用木槿紫色为主色，搭配白色、水晶紫色作点缀，充分展现出高贵优雅的空间魅力。

　　客厅中只摆放着一组 L 形沙发、落地灯和一个小的白色茶几，从而打造出一个简洁的客厅环境。

　　背景墙上挂着八个不同大小的矩形框，以其共同组成的一个大矩形做装饰，为空间营造出时尚的艺术气息。

2.3　类似色搭配，更柔和

　　类似色是在色相环内相隔 60°～ 90°的两种颜色，且两种颜色组合搭配在一起，使整体画面起到协调而富有变化的效果。在室内设计中应用类似的色彩进行搭配，会使得整体空间更加柔和。例如，红和橙、黄和绿、蓝和紫都分别属于类似色的范围。

　　类似色的色彩搭配比同类色搭配更富有变化，但是不会产生过于冲突的感觉。在室内设计中不妨试一下类似色搭配，会搭配出不一样的感觉。例如，绿色搭配青色，青色搭配蓝色。

2.3.1　红与橙

　　红色搭配橙色，是温馨、活泼的色彩，给人以明快感。这两种暖色调比较容易引起人们对营养、香甜的联想，激发人们的食欲，是家庭装修中厨房、餐厅的主体装修色调。

　　该空间设计属于简约的现代风格。整体空间设计采用开放式的格局。

　　墙面采用白色，地面采用不同明度的灰色拼接，门采用黑色，很好地使用了黑白灰的经典对比。

　　主色为黑白灰色搭配，只在地面上点缀不同色彩、不同大小的园圃座椅，随意而自然。

　　橙色、红色的座椅在宽阔的空间中是较为显眼的存在，为闲暇的休息时光增添温馨与舒适之感。

　　该卧室设计采用红色与橙色为主色进行色彩搭配，暖色调的色彩搭配为卧室增添了温馨、安心、温暖的气息。

　　红色与橙色相间的床品设计，杏黄色和柿子橙相间的方形地毯与杏黄色的床头软包相呼应，而圆角四边形的窗户设计，使得空间更具层次感和时尚感。

　　该卧室设计属于雅致的新中式风格。整体空间的装修讲究空间的层次感，注重空间的细节，从而展现出内涵的韵律。

　　居室设计采用红色调与橙色调相搭配，使氛围感更为浓烈温馨。

　　红色调的柜子造型朴实优美，橙黄色的灯光设计，把整个空间格调塑造的更加高雅。

　　墙壁上装饰着三幅水墨画，更能突显出东方文化的迷人魅力。

　　天花板采用内凹式的方形区域，可展现出槽灯轻盈感的魅力。

2.3.2　橙与黄

橙色与黄色搭配，色泽明媚而温馨，火热而欢快。作为暖色调中较为温暖的颜色，在家居搭配中，有着至关重要的地位。满目的暖色调，让人联想到那硕果累累的金秋季节，幸福而欢快。惹人注意的色彩搭配，会产生活力满满且温馨醉人的空间氛围。

采用橙色和黄色作为墙面和家具的色彩，白色作为地面的色彩。作为儿童房的主色调设计会显得可爱、童趣，同时带给孩子一种温馨的感觉。

墙体由统一风格的金黄色粉刷而成。米色和橙色相搭配的书桌再配以旋转椅子的设计，充分展现出自然、雅致的空间环境。

灰棕色长绒地毯、橙色床体以及同色系的抱枕，让整体的感觉温馨又舒适。

加上玩偶的摆放，为空间增添了童趣感。

该空间设计是开放式的厨房。餐厅与厨房在一个空间内，既方便了用餐又能展现一个明亮宽敞的空间环境。

采用万寿菊黄色粉刷墙面，搭配橙红色橱柜，是类似色搭配，打破了以往厨房设计的单调。

搭配乳白色的橱柜台面、茶几、椅子、地面设计，整体给人一种明亮有活力、干净整洁的视觉感。

该儿童房设计属于清新自然的东南亚风格。空间中大量地运用木材和其他天然原材料，完美地演绎出原始自然的热带风情。

作品采用对称式布局，使得空间更规矩、稳重。

以暖色调设计为主题，采用金黄色、橙红色、白色以及重褐色作色彩搭配，充分营造出一个不失热情与华丽的空间环境。

墙壁上放置极具民族风的摆件，突出了东南亚风格的特点。

2.3.3 黄与绿

如阳光般温暖的黄色会带来生命的喜悦、收获的甜蜜。它赋予空间温度和能量。而绿色是大自然的代表颜色，更具有展现自由新生、充满治愈的效果。在室内设计中采用黄色与绿色相搭配，会将活力与温馨展现得淋漓尽致，让人们拥有一个悠然快乐的生活氛围。黄色与绿色相搭配是儿童空间设计的最佳搭档。

该作品是儿童卧室。整体空间采用亮丽的月光黄色搭配鲜明的嫩绿色，展现出充满活力与生机的儿童房。

月光黄色和嫩绿色搭配，让空间显得非常卡通可爱，因此墙面可以选择低纯度的色彩，因此选择"灰菊色"的墙壁可使得空间更柔和一些。

搭配儿童特有尺寸的家具，以及床头和床尾下方摆放的玩偶，为儿童房增添了童趣感。

该厨房设计中最显眼的当属香蕉黄与叶绿色为主色的橱柜，充分彰显了朝气与活力的空间氛围。

空间中颜色不宜设置过多，否则会出现乱、杂的感觉。因此可以将空间中其他位置设置以黑白灰或咖啡色组成，这些颜色会使空间看起来更舒服、和谐、稳重。

空间中的香蕉黄与叶绿色搭配是类似色搭配，香蕉黄与橙色搭配也是类似色搭配。

该儿童房设计给人的第一感觉就是温馨、美好、童趣。这些感受的最大原因就是空间色彩的明度都比较高。

整体空间以铬黄色、黄绿色为主色进行色彩搭配，看起来轻盈、童趣。

圆形外扩的休闲空间中，摆放着两个黄绿色座椅搭配白色的落地窗纱，以及铬黄色的墙体，充满创意且童趣感十足。

2.3.4 绿与青

绿色和青色的搭配并不罕见，这两种邻近色的组合在自然界中非常多见，也受到不少室内设计师的喜欢。例如，深绿色和淡青色相搭配，它们之间会形成较大的明暗对比，会让整个搭配显得简而不凡，从而起到丰富画面的作用。

该空间设计是互联网公司的休息区。空间中的两个蛋壳形状的"小房子"给员工带来轻松和解压的感觉。

采用碧绿色与青蓝色作为"小房子"色彩，两种颜色搭配在一起，可以给单调的办公场所带来些许生机与活力。

该客厅设计属于轻奢的后现代风格。该空间设计摒弃了传统欧式的厚重，传承了欧式的奢华，又结合了简约和通透的现代风格，将简约、大气、时尚、雅致、内敛表现得淋漓尽致。

空间中使用黑、白、灰色作为主色，搭配一种或两种色彩作为点缀色，是空间设计的绝佳方法。例如，本作品只使用了有彩色"铬绿色"和"金色"，突显了高贵、时尚气息。

该卧室设计属于美式风格。单调的石青色粉刷墙壁，加上草绿色床品、床头柜的迎合，格外显得生机活力。仿佛在蓝色的天空下面一片草地，想一想都是美丽的画面。

铁架式的床体，简单时尚，绿色的枕头、白色床单以及床头的"树"形装饰，充分彰显品位之初的原生态和拥抱自然的感觉。

2.3.5 青与蓝

青色给人以庄重、坚强的视觉感，而蓝色是较冷的色彩，会给人心灵上带来慰藉和宁静感，二者是家居室内设计常用的颜色。如果二者相搭配，可以迅速提升空间格调，仿佛畅游于蓝天、大海之间，给人心情愉悦、通透的感受。

该卧室明亮精致，采用雅致的深青色和孔雀蓝色进行色彩搭配，轻盈通透，使得整个卧室都传递出活力时尚的幸福氛围。

落地窗设计，在其上方悬挂着淡青色的薄窗纱，采光性好，阳光透过窗纱为室内增添一丝舒适的明亮感。

该客厅设计属于简约的现代风格。整体空间以简约的线条为主，色彩温馨典雅而又自然舒适，带给人一种轻松舒适感。

客厅中间只摆放一个L形的多功能沙发，充分展现出简洁又大方的空间环境。

采用天青色粉刷墙壁，以及水蓝色加灰色的沙发设计，洁净明快的色彩搭配，使得居室氛围极富简约主义气息。

该客厅设计属于地中海风格。空间中的家具以其色彩纯美、浓郁的特点，营造出一个轻松闲适、浪漫温情的居家生活空间。

空间内设计的沙发，大多采用极为温馨舒适的布艺材质，纯净柔和的天青色与灰玫红色相搭配，加上地中海元素的装饰图案，使得居室内弥漫着纯净唯美的气息。

蔚蓝色的厚窗帘与白色的薄窗纱相搭配，给人带来自然安逸的气息。

2.3.6 蓝与紫

　　蓝色与紫色相搭配，是非常梦幻的组合。在冷色系中，蓝色在视觉上具有缩小、退后的效果。

　　该卧室设计用紫色与深宝石蓝进行色彩搭配，这种冷色调的搭配给人一种高贵优雅的空间氛围。

　　紫色的灯光、窗帘、壁纸等软装饰设计，连续性的色调搭配，让家居空间散发出一阵阵魅惑气质。

　　颇具现代艺术的白色床头柜，并不耀眼，但陪衬得恰到好处。

　　该客厅设计属于时尚的混搭风格。软装饰采用蓝色与紫色进行空间调和，充分展现出安逸又神秘的空间环境。

　　空间左侧摆放一个人像装饰，极具设计感，这个角度正对着客厅，有种打招呼的冲动。

　　墙上的斑马线条使空间感觉变得更加有层次感，墙上的几幅紫色系装饰画具有一致感。

　　沙发上摆放着几个卡通猫咪的抱枕，以及茶几上摆放着的动物摆件，为空间增添了童趣感，让原本的小空间变得更具亲切感。

　　该客厅设计属于简约的美式风格。整体空间采用时尚的色彩进行搭配，妙趣横生的摆件、精美的家居陈设以及精致的细节处理，充分展现出空间的舒适与安逸。

　　深三色堇紫色的沙发与蔚蓝色椅子相对应，让一个原本可能单调得只剩下所谓大气的空间，顿时有了生活的情趣和温馨的氛围。

　　壁炉放置的这个位置，解决了传统美式格调的客厅中无法合理放置电视的烦恼。

2.3.7 紫与红

在色相环中，紫色属于冷色调，红色属于暖色调，但它们都有相似的属性，是奔放、大气、高贵的象征。而在室内设计中，紫色和红色的搭配，会尽显高贵神秘的空间氛围，让人看一眼便难以忘记。

该空间设计是浪漫的婚礼会场。整个空间设计采用开放式的格局，充分展现出宽敞明亮的空间环境。

紫色调的舞台、红色的餐桌以及地毯，这种浓烈的色彩搭配，突显整个空间的浪漫与温馨。

空间最大的特点就是"各自为阵"，各自不同的色调特性，在整体的搭配中却展现出了与众不同的亮点。

该卧室设计属于新中式风格。空间以水晶紫与酒红色形成冷暖呼应，让卧室空间散发出一阵阵魅惑气质。

浓烈的酒红色床品和水晶紫色的软装饰设计，在视觉感官上使空间更加饱满。

合理的区域分割，让整个空间的利用率达到最佳，同时反映出居住者的品位。

该卧室设计整体空间采用斑斓富丽的木槿紫色、深红色进行主色搭配，把神秘感的空间发挥得淋漓尽致。

圆形的床头台灯设计，让处在空间中的居住者去领悟其中的韵味，去捕捉艺术所表达的意境。

木槿紫色的薄窗帘，神秘感十足，并完美地划分了卧室与客厅区域。

红黑相间的壁画装饰，极具艺术气息。

2.3.8　多种类似色搭配

在室内搭配时，如果采用多种类似色调进行搭配，则要通过一定的技巧进行组合尝试。注意巧妙运用面积大小，同时对明暗层次、色彩纯度、主次变化也要做认真考虑与实际比较，使其达到多样化的效果。

该客厅设计将阳台与客厅整合在一个空间之内，充分展现出宽敞明亮的空间环境。

采用多种类似色进行搭配，掌握空间韵律和平衡，使彼此之间产生呼应关系。用独立空间内细节化的元素重新解构组合呈现出个性的生活场景。

两种暖色调搭配两种冷色调，第一时间传递了主人对生活的态度。深与浅、鲜明与细腻，遵循的色彩搭配法则，开启生活艺术空间之旅。

该客厅设计属于温馨的美式风格。整体空间以"崇尚自然"为主题，从大自然中提取色彩，把自然元素融入美式家居风格中。

客厅在白色墙面和米色地砖的交织下铺设了简约温馨的基调，做旧的橡木桌椅、复古的家具为空间增添了乡村的古朴。

空间中生机盎然的绿意，为家注入了个性和活力。软装在绿色调的基础上，黄色和橙色的靠枕以及涂鸦地毯，有意无意地为空间晕染了一抹亮色。

该客厅设计属于淡雅的北欧风格。客厅目光所及之处只有整齐、和谐的舒适。而且空间中软装色彩搭配是重点，充分营造出一种舒适、素雅、温和的空间氛围。

深灰色皮质转角沙发，搭配黑胡桃电视柜赋予空间大自然朴实的气息。美观的收纳柜，充分利用了立面空间。

利用沙发背景墙面原有的凹位装上软木板为家庭增添温馨一角。而左侧挂毯也是设计的一个亮点，让墙面看起来不再单调的同时使空间更加柔和。

2.4 互补色搭配，更刺激

互补色运用是较为活泼的手法，在一般的情况下，应注意面积大小的差异、色彩纯度上的对比，以及色彩明度上的对照等。而对比色搭配，应用在室内色彩搭配中能够营造出强烈的视觉冲击感，富有前卫气息与张扬个性。

大面积的互补色对比一般是比较忌讳的，因为对比过于强烈，会让人的视觉刺激太大，进而产生不舒适感。但如果坚持采用对比面积较大的装饰，往往需要采用无色系（黑、白、灰）、中色系（金、银）进行过渡而取得整体的和谐效果。

丰富的色彩出现在空间的各个角落，红色墙面与蓝色挂画、绿色布艺沙发、五颜六色的沙发抱枕，多种元素混搭能让空间显得十分充实。

如果对比两色都采用传统的"退晕"手法，也能起到减弱对比的作用。小面积、小块的陈设物、靠垫、壁饰、挂画等装饰，会起到锦上添花的作用。

2.4.1 红与绿

通常，当红色和绿色进行搭配时，对比会非常强烈，此时需要将其中一种颜色混入其他颜色，使其含有该种色彩成分，从而削弱红、绿颜色对比的强度，达到增强调和感的目的。在家庭装修的色彩设计中，比较多的是使用白色、灰色进行调和，以降低颜色的纯度、明度，使整个空间的颜色和谐自然。

该客厅设计中线条造型硬朗，很好地应用了点、线、面，给人很强的视觉感受。空间彰显细节的同时，大气而不失冷艳；细细品味又有传统气韵，古典与现代并存。

酒红色的座椅、深孔雀绿色的地毯，色彩和质感的碰撞，让空间不再单调，同时由于色彩明度很低，因此不过于张扬，营造出属于主人的精致与品质。

大面积的落地窗设计，扩大采光面的同时，引入外景于室内，内外相连，达到人与空间、自然紧密相连，增加生活的情调。

该空间设计自然的乡村风格。空间以自由舒适为主题，采用清新淡雅的色调设计而成。使人们告别烦躁的都市生活，重返自由随性的慵懒家居，从而找回自然平静的归属感。

做旧的铬绿色搭配鲑红色，温柔的深灰色做地面颜色，让人只想在这风清云朗的岁月中静谧温柔地生活。

利用墙厚巧妙地挖出了电视墙，而将墙壁粉刷成两种色彩的处理，线条流畅，生动活泼。

吊扇灯在天花板上投射出温柔的光影，让整体空间给人质朴而柔美的感觉。

该客厅设计属于充满个性的前卫风格。整体空间采用撞色的色彩进行室内搭配，使得整体空间展现出强烈的视觉冲击感。

薄荷绿色与玫瑰红两种弧形沙发颜色的碰撞，极具前卫气息与个性张扬。

多种鲜艳色的色彩搭配，让空间显得十分充实。

2.4.2 黄与紫

黄色是一种非常开朗的颜色，给空间带来快乐，使它们看起来明亮而温馨。紫色是一种柔美的中性色彩，富含艺术气息，选择紫色作为饰家主调，能够营造出静谧舒适的生活天地。而黄色与紫色相搭配，就会营造出一个温暖和温馨的氛围，也会让恬静的氛围变得活跃。

该卧室设计属于简约的现代风格。整体空间以靛青紫色的墙壁与三色堇紫的窗帘交相辉映，凸显尊贵。搭配淡黄色的床品，既醒目又时尚。

合理的区域分割，空间功能强大丰富，慵懒而舒适，反映出居住者的品位。

采用暖色调的床品以及白色的床头柜打破了冷色调带给人的暗淡感。

该餐厅设计属于雅致的法式风格。整体空间以唯美浪漫的法式元素为空间基调，整体采用了黄、紫、白色调，给人以温婉舒适之感。

以白色为主色，加以淡紫色和淡黄色作点缀，仿佛一位优雅高贵的女子，随意间点染，就能将她的气场展现无遗。

通过法式代表性的吊顶、雕花、猫脚家具，勾勒出它的轮廓；用灯饰、软配还原它的特质。

该厨房设计属于雅致的美式风格。空间内大面积地采用万寿菊黄色搭配蝴蝶花紫色，勾勒出洁净舒适的厨房环境。

紫色的橱柜在万寿菊黄色墙壁的呼应下，给人一种温馨、浪漫的感觉。

冷暖色调相调和，让人安宁的同时又突显出轻快淡雅的氛围。

尖顶天花板拉高了空间，但垂坠的吊灯，又拉近了空间的距离感。二者相呼应，既给空间增添了立体感，又在视觉上给人一种丰富感。

2.4.3　蓝与橙

　　蓝色是比较冷的色彩，在空间采用蓝色进行装饰，会使室内体现出纯净、沉稳的效果。而橙色是比较欢乐的色彩，运用在室内设计中总能给人一种明亮活泼的感觉。所以当蓝色搭配橙色出现在室内设计中时，就会产生不一样的美，可以充分地展现出安逸又温暖的空间环境。

　　该儿童房设计属于简约的现代风格。整体空间采用蓝色和橙色为主色进行色彩搭配，充分展现出温暖安逸的空间环境。

　　孔雀蓝色的床体搭配橙色的床品，让这间儿童房空间中充满了纯净明亮的气质，所以这样的一间儿童房无论男孩还是女孩都很适合居住。

　　将床与窗户相邻，明亮的阳光给予这间儿童房足够的自然采光，在床上摆放几个玩具，为空间增添童趣感。

　　该卧室设计属于简约的欧式风格。整体空间采用了新折中主义的手法，与建筑呼应，展现年轻人时尚欢乐的当代生活。

　　当明冷的蓝色调撞上强烈的橘红色，黑与白的醒目交织，充分表达了新时代的个性。

　　这份色彩对比迸发出的热情以及经典纹样铺叙出的时尚围绕在整个家中，营造大胆前卫的时尚摩登范儿。

　　该客厅设计属于淡雅的美式风格。整体空间以新鲜淡雅的蓝色调为主色，像是走进了宽广的海洋。

　　地毯和窗帘以及右侧沙发都采用蓝色调，当风儿吹过时，飘动的窗帘，又似那湖水，荡漾开去。

　　客厅的点睛之笔在于橙色的抱枕搭配，一抹明亮的色彩悄悄地溜进了客厅，忽然就灵动起来。

2.4.4 多种对比色搭配

在一个好的室内设计中，色彩搭配是比较重要的，它能让整体室内风格提升一个质的飞跃。无论中式、美式还是欧式风格，色彩搭配都起到至关重要的作用。如果在装修新房时运用多种对比色调，则要通过一定的技巧进行组合尝试。好的对比色搭配能给人愉悦、欢快、放松的感受。

该客厅设计属于文艺的混搭风格。整体空间以色彩饱和的红、橙、蓝、绿进行色彩搭配，使作品的艺术品格极具品位，让空间上升到高层次。

色彩鲜艳的构造突破旧传统带来的美，使居住者享受心灵的放松。

粉红色的沙发构造简单，亦拉开空间的层次感。不同色彩的几何形家居装饰，单纯完整，完全没有令人眩晕之感。

该空间设计属于简约的现代风格。空间以开放式的格局设计而成，通过透明玻璃做隔断，充分展现出宽敞明亮的室内环境。

空间以线条简洁的家具和装饰为主，重视室内空间的使用功能。主张废弃多余烦琐的附加装饰。

在色彩和造型上追随流行时尚。采用多种对比色进行搭配，简约不是简单的"堆砌"和平淡的"摆放"，而是利用这些简洁的元素通过设计整合得到的大气而时尚的设计。

该客厅设计属于简约的现代风格。整体空间设计以冷色调为主，搭配些许暖色调进行调和，充分展现出雅致安逸的生活环境。

整体空间设计摒弃传统，挣脱束缚，用时尚轻松的对比色搭配手法，营造一处超凡脱俗的空间。

客厅中背景墙上的蒙面少女，是较为突出的存在，神秘优雅，充分渲染出异域风情的阿拉伯特色。

洁白的墙面色彩，干净亮丽，恰好与空间其他的色彩融合，搭配出一处绝妙的空间造型。

2.5 无彩色搭配

无彩系,指除了彩色以外的其他颜色,明度从 0 变化到 100,而彩度很小(接近于 0)。其中黑、灰、白色组成的无彩系,是一种尽显高级和十分吸引人的色调。采用黑、灰、白无彩系色调,有利于突出周围环境的表现力。

在室内设计中,粉白色、米色、灰白色以及每种高明度色相,均可认为是无彩色,完全由无彩色建立的色彩系统非常平静。

正确地运用色彩搭配,还有助于改善居住条件。宽敞的居室可以采用暖色装修,避免房间给人的空旷感;房间小的住户可以采用冷色装修,在视觉上让人感觉大一些。

2.5.1 黑

黑色可以定义为没有任何可见光进入视觉范围的颜色，一般带有恐怖压抑感。但黑色为百搭的颜色之一，是所有颜色的好搭档。通常在室内设计时常与其他色彩进行调和。例如，黑色家具搭配白色家居可展现出居室的经典视觉感。

该客厅设计属于简约的现代风格。整体空间内以大地色系作为主轴，以醇厚黑色调沉静心绪，搭配窗面纳入温柔采光，呈现温润恬静的氛围。

电视墙则采用质感大理石表现视觉质感，加以两侧立体的线条刻划，让主墙更显深刻。

天花板上方的一盏"四散"造型的吊灯，也提供了照明之余的艺术装饰意义。

该客厅设计属于简约的现代风格。整体空间采用经典的黑、白、灰色调，配合相应的家居设计，创造利落、简约且质感满分的视觉感。

利用双面电视墙，抹除了特定玄关的刻板印象，更提供了宽敞明亮的空间环境。

较低的彩色度在有设计感的灯光的衬托下，让客厅整体弥漫高雅、沉稳的感受。

电视主墙与沙发背墙的大理石色调相互呼应，天花板细密的黑色格栅造型成为两者的串连，更善用灯光设计与色彩搭配一举解决公用领域没有光源的极大困扰。

该餐厅设计属于典雅的后现代风格。整体空间以黑色为主色，搭配些许白色与燕麦色作点缀，调和了黑色带给人的压抑感。

漆黑色橱柜，内置货架和餐桌，大多数家具采用中性、浅色调，大量燕麦色座位和白色毛皮地毯共同营造出一个完整的餐厅设计。

整个空间依赖于相同的木炭颜色，与白色外露梁天花板和黑白框架艺术相比，产生了相当眩目的对比。

2.5.2　白

白色是所有可见光光谱内的光同时进入视觉内的效果，带有愉悦、轻快感；白色在室内设计中，会展现其干净、简约的特点，作为中立之色，白色是空间的主角，也是最佳配角。不同颜色放置到白色中，都会显得更加鲜亮。

该客厅设计属于简约的日式风格。以"禅意"为主题，充分利用原始美景与建筑相融合，从而塑造出独特的空间环境。

以纯净的白色为主色，与天然的原木材质家具碰撞出现代简约设计，让人倍感宁静舒适。

采用浅色装饰品、白色墙壁、浅色地毯以及棉麻藤编等元素，有着柔软的时尚感和舒适、温馨的空间氛围。

白色沙发和原木色的家具搭配，白色元素贯穿于整个空间，让室内层次更加丰富。

该卧室设计属于极简主义风格。整体空间设计采用开放式的格局，在卧室与餐厅之间使用窗框做隔断，充分展现出宽敞明亮的空间环境。

整体空间以白色为主色，搭配原木色的桌椅以及小面积的灰色地毯作点缀，营造出优雅、简约的空间氛围。

以白色覆盖整个空间：从阳台到客厅，从墙面到地板再到天花板，共同打造一个洁净的空间。

该空间设计属于简约的现代风格。整体空间大多采用白色，为配合现实主义的审美，加入了相同风格的家具。

在整个空间中几乎拆除所有的墙，来打造一个宽敞、开放、轮廓鲜明的空间，统一所有的公共区域。

在室内中间位置摆放一个收纳柜做空间隔断，既实用又美观。

2.5.3　灰

　　灰是在白色中加入黑色进行调和而成的颜色，是一种很随和的色彩，在室内设计中运用灰色会呈现出简洁明快、柔和优美的感觉。而且灰色可以和任意一种颜色搭配在一起。无论是灰色的家具还是灰色的墙漆，都会给人比较高级的质感。

　　该客厅设计属于后现代的灰调空间，纯粹的颜色加上简单的家具，通过细节、纹理、线条等营造经典质感的空间。

　　避免陷入"流行色"主义俗套，选用了高级灰经典色系进行组合搭配。灰色木纹砖、浅色地毯、白色大理石桌面的茶几、爵士灰大理石的电视背景墙，自然纹理与工艺之美结合。

　　几何线条切割后的大理石背景墙，简单又富有内容，不需要过多装饰，就很好看。

　　超长的真皮沙发，造型简单轻薄，有一种安静协调感。

　　该客厅设计属于典雅的新中式风格。整体空间所营造出的意境是点到为止的中式元素，拒绝陈旧，延续中华文化元素不断传承下去。

　　以黑、白、灰为主色调，配以金色加以衬托，更具高雅、稳重的风韵。

　　墙壁上的金色羽毛的装饰，与金色茶几腿相呼应，充分展现出典雅华贵的空间氛围。

　　该客厅设计属于简约的现代风格。整体空间以简约的线条、简洁的家具搭配而成，充分展现出宽敞时尚的空间环境。

　　选用了"高级灰"经典色系进行组合搭配。灰色墙壁、深灰色地毯、黑色电视柜、白色茶几、灰白纹路大理石的电视背景墙，自然纹理与高级色的完美结合。

　　摇曳的落地灯微微探下身子，宛如流淌的水以及凝聚的时光。地毯层层叠叠的黑，笼罩着心中的纯白，在深胡桃木色地板的映衬下，清冷干净。

2.6　推荐的四色搭配

清爽

CMYK=49, 0, 32, 0
CMYK=71, 15, 52, 0
CMYK=75, 27, 8, 0
CMYK=32, 6, 7, 0

CMYK=43, 0, 9, 0
CMYK=80, 50, 0, 0
CMYK=18, 9, 0, 0
CMYK=68, 16, 0, 0

生机

CMYK=7, 1, 73, 0
CMYK=43, 12, 0, 0
CMYK=0, 0, 0, 0
CMYK=67, 0, 95, 0

CMYK=67, 10, 90, 0
CMYK=38, 0, 54, 0
CMYK=3, 24, 73, 0
CMYK=47, 9, 11, 0

浪漫

CMYK=71, 12, 23, 0
CMYK=89, 58, 33, 0
CMYK=0, 0, 0, 0
CMYK=34, 6, 86, 0

CMYK=7, 26, 27, 0
CMYK=18, 44, 10, 0
CMYK=27, 46, 49, 0
CMYK=65, 85, 47, 7

热情

CMYK=12, 21, 78, 0
CMYK=9, 86, 69, 0
CMYK=42, 13, 82, 0
CMYK=7, 48, 83, 0

CMYK=4, 32, 65, 0
CMYK=18, 84, 24, 0
CMYK=26, 93, 89, 0
CMYK=48, 100, 85, 20

雅致

CMYK=62, 38, 22, 0
CMYK=9, 9, 9, 0
CMYK=19, 21, 41, 0
CMYK=64, 71, 52, 7

CMYK=17, 45, 0, 0
CMYK=44, 11, 22, 0
CMYK=29, 34, 4, 0
CMYK=5, 36, 2, 0

美味

CMYK=8, 80, 90, 0
CMYK=14, 18, 76, 0
CMYK=4, 36, 32, 0
CMYK= 9, 7, 54, 0

CMYK=22, 99, 100, 0
CMYK=4, 34, 65, 0
CMYK=74, 20, 31, 0
CMYK=7, 34, 91, 0

奢华

 CMYK=12, 44, 90, 0
CMYK=38, 50, 90, 0
CMYK=39, 36, 46, 0
CMYK=67, 75, 100, 51

 CMYK=62, 80, 71, 33
CMYK=53, 47, 48, 0
CMYK=6, 12, 31, 0
CMYK=42, 57, 69, 1

活力

 CMYK=74, 11, 35, 0
CMYK=0, 63, 37, 0
CMYK=9, 0, 62, 0
CMYK=5, 23, 88, 0

 CMYK=6, 52, 24, 0
CMYK=5, 14, 74, 0
CMYK=12, 96, 15, 0
CMYK=72, 22, 7, 0

鲜明

 CMYK=4, 32, 65, 0
CMYK=18, 84, 24, 0
CMYK=26, 93, 89, 0
CMYK=48, 100, 85, 20

 CMYK=0, 96, 64, 0
CMYK=93, 69, 28, 0
CMYK=82, 31, 100, 0
CMYK=30, 2, 82, 0

稳重

 CMYK=16, 27, 73, 0
CMYK=70, 82, 93, 63
CMYK=67, 69, 88, 39
CMYK=87, 83, 87, 74

 CMYK=14, 23, 36, 0
CMYK=62, 68, 100, 32
CMYK=46, 48, 64, 0
CMYK=45, 36, 64, 0

奇特

 CMYK=12, 61, 0, 0
CMYK=61, 27, 13, 0
CMYK=77, 24, 51, 0
CMYK=13, 3, 71, 0

 CMYK=43, 70, 5, 0
CMYK=31, 0, 70, 0
CMYK=49, 22, 0, 0
CMYK=5, 60, 36, 0

沉着

 CMYK=63, 65, 71, 18
CMYK=52, 33, 31, 0
CMYK=9, 6, 4, 0
CMYK=93, 88, 86, 78

 CMYK=87, 82, 82, 71
CMYK=20, 14, 16, 0
CMYK=0, 0, 0, 0
CMYK=46, 38, 36, 0

第 3 章

不同空间的
巧妙设计

室内家居空间可分为两大类：一类是公共空间，是指家庭成员共同使用的空间，具有共用性；另一类是私密空间，指的是个人单独使用的空间，具有单独性。

公共空间包括客厅、餐厅、厨房、玄关、楼梯、阳台等。由于是共用的，因此公共空间要照顾到家庭中每一个成员的感受，在具有个性的同时又要具有统一融合性。

私密空间包括书房、卧室、卫浴间、衣帽间等，承载着居住主人的私密生活。因此在对私密空间进行设计时，既要考虑房间的整体美观，又要兼顾主人的性格习性。

3.1　客厅

客厅也称起居室，是主人与客人会面的地方，也是家庭活动的主要场所。客厅的摆设、颜色都能反映主人的性格、品位、特点等。通常客厅在整体装饰时建议选用浅色，因为浅色可以让人感到舒适、轻松，同时可以消除居住者一天奔波的疲劳。

特点

多功能实用性。

面积大、活动多、人流导向相互交替。

会客、视听、聚谈的活动场所。

该客厅整体设计属于简约北欧风，低调而雅致。整体空间的线条运用和空间颜色的合理搭配，展现出简约的气息和极强的艺术感。

客厅采用乳白色为主色，整体给人干净、明亮、整洁的感觉。

墙上挂着一幅极具艺术风格的抽象挂画做装饰，为空间增添了艺术气息；而白色的小雏菊刺绣窗帘以及窗边的盆栽，又为空间增添了一丝轻盈和清新；手工编织的蒲团小矮凳，构建了与众不同的亮点。

同类配饰元素

RGB=243, 242, 239　RGB=189, 183, 183
RGB=245, 205, 209

该客厅整体设计属于美式风格，简单沉稳的布局，映衬出高雅尊贵的气度。

客厅采用灰色为主色，整体给人沉稳、干净、雅致的感觉。深灰色的窗帘与浅灰色绒质的沙发在颜色上相呼应，同色系不同明度的搭配，起到丰富空间视觉效果的作用。而米色的沙发椅的装饰在灰色的单调中增添了一抹亮色。

墙上的两幅北欧风格的抽象挂画以及几何型设计的吊灯迎合了空间前卫风格的设计。

空间巧妙的设计带着现代生活的精致，让平凡生活变得时尚起来。

同类配饰元素

RGB=143, 136, 135　RGB=173, 166, 164　RGB=226, 218, 205

该客厅整体设计属于简约美式风格，整个的空间设计素净柔美，适合年轻人居住。

客厅采用高明度色彩为主基调，黄色为点缀色，整体干净、轻快，充满活力感。墙壁装饰画设计，尽显美式风格的韵味，简约而轻奢。

充满设计感的古铜色落地花瓶与地上的陶瓷花瓶为空间环境增添了节奏感，而黄色花与绿色植物的色彩搭配又为空间增添了亮点。

同类配饰元素

RGB=235, 219, 214　RGB=152, 149, 150　RGB=220, 192, 28

3.2　卧室

　　卧室，又被称作卧房，分为主卧和次卧，是供人睡觉、休息的地方，是现有家庭生活中必有需求之一，因此卧室成为设计的重点之一。在卧室设计上应注重公平与舒适的完美结合，追求优雅独特、简洁明快。

特点

　　强调和谐搭配，主要是颜色与材料的合理搭配。

　　讲究功能的完整与整体性。

　　色调温馨柔和，使人身心放松。

　　物件的摆放合理适当，注重便利性与实用性。

　　该儿童房整体设计属于雅致的美式风格，整个的空间设计极为宽敞，加上柔和的色调搭配，很适合小孩子居住。

　　卧室采用明亮的颜色进行搭配，避免了沉闷，尽显儿童开朗活泼的性格。楼梯双层床的构造为小小儿童房带来无限乐趣。楼梯、床头防护栏等转角处，设计成圆润的弧度，防止儿童严重磕碰，设计感十足。

　　卧室铺有羊毛地毯，可以防止儿童在地上玩耍时着凉，屋内摆放适合孩子玩的玩具，为整间卧室增添童趣感。

同类配饰元素

RGB=193, 120, 62　RGB=225, 200, 178　RGB=198, 205, 217

该卧室整体设计属于古典美式风格，轻奢中透露出一丝怀旧的感觉。整体对称美的运用打破了空间的庄重严谨，增添了一丝柔和美。

卧室采用淡淡的绿灰色和米色进行搭配，给人一种淡雅迷人的雅致气息。

墙面壁纸上的花纹、地板纹路和地毯图案，整体搭配给人一种回归自然的舒适感。

同类配饰元素

RGB=214, 222, 211 RGB=213, 206, 188 RGB=202, 209, 217

该卧室整体设计属于新中式风格，整体空间环境传递出生活的安宁与自在。在造型设计上非常简练，且在禅意家具的基础上融合了一些现代时尚元素，使得整体环境在具有一股复古气息的同时又不乏淡淡的现代韵味。

卧室采用米色为主色，灰色为辅助色。这些色调可以很好地创造出轻松舒适的气氛。

新中式的禅意架子床，设计简单但不失个性美，每一处设计都恰到好处。卧室窗帘采用柔和、飘逸的款式不仅好看还增强隐私性。

同类配饰元素

RGB=236, 217, 200　RGB=194, 185, 175　RGB=81, 80, 78

3.3　厨房

厨房是可在内准备食物并进行烹饪的房间，一个现代化的厨房通常有的设备包括橱柜、冰箱、抽油烟机、微波炉、烤箱等厨房用具和厨房电器。厨房的装饰要注重整体搭配，使厨房在整体统一的基础上又不乏美观和实用。

特点

形式整洁，强调空间开阔感。

功能实用，摒弃繁杂的枝节。

材质多样化，质感丰富。

多以色彩偏冷为主题，勾勒出洁净、舒适的厨房环境。

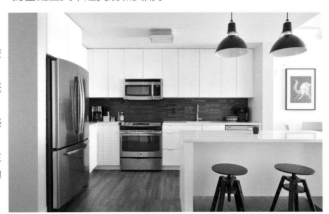

该厨房采用现代风格设计而成，是当前比较流行的风格之一。

厨房采用蝴蝶花紫色与白色相搭配，这些色调可以很好地创造出浪漫的气氛。

蝴蝶花紫色的厨房背景墙设计，能够突出主人的浪漫气质，妩媚而高贵。吊灯的设计采用点、线的结合，简单风趣。在厨房内摆放一盆花草作点缀，美化空间，使气氛更加浪漫且具有魅力。

同类配饰元素

RGB=233, 225, 222　RGB=149, 24, 72　RGB=148, 123, 78

该厨房整体设计属于前卫的简约欧式风格，轻松而明朗。空间形式简洁，强调了空间的宽阔感。

整个厨房采用月光白色和巧克力色进行搭配，给人一种独特又沉稳的视觉感。

独立的中央导台，简单中透露出浓厚的艺术魅力，整体白色的基调传递出轻松柔和的温情。墙体、地板都采用低纯度色彩的实木，典雅尊贵。

运用独特设计的吊灯构成整体照明形式，加上导台上的雕塑摆件以及充满设计感的椅子，给明亮的空间增添了一丝时尚的气息。

同类配饰元素

RGB=239, 238, 236　RGB=84, 66, 53　RGB=145, 115, 89

该厨房整体设计属于简约现代风，但不简单，是当前比较流行的设计。

厨房采用卡其色为主色，白色与黑色为辅助色。这些色调搭配在一起化解单调的同时增加了动感。

上下结构的收纳，让整个厨房更有层次感。

原木色厨柜与简单的黑色大理石的吧台形成强烈对比，小而不失优雅。上下结构的收纳柜和吧台前方大小不一的抽屉，丰富了空间的立体感。

同类配饰元素

RGB=157, 144, 124　RGB=209, 198, 180　RGB=225, 230, 233

3.4 餐厅

　　餐厅是一家人进餐的房间，以舒适独立的环境为最佳。在陈设和设备上是有共性的，要求便捷卫生、安静舒适、光线柔和、色彩素雅，照明也应集中在餐桌顶部，便于营造出一种秀色可餐的感觉。也可以根据自己的爱好，利用空间搭配布置出独特的餐厅。但餐厅的位置最好接近厨房，方便日常生活。

特点

注重实用性与艺术性的结合。

注重色彩搭配，给人舒适进餐的感觉。

有较强的艺术风格，常搭配很多软装饰元素，如镜面、装饰吊灯、花饰、酒杯等。

强调环境的优雅与光线的充足。

　　该餐厅整体是以古典风格与现代设计理念相结合设计而成。美观与实用兼顾。加上柔和的色调搭配，很符合家庭用餐的氛围。

　　餐厅以白色为主色调进行整体搭配，大方、整齐，而以浅蓝色的点缀，清新大方，加以椰褐色的餐桌，尽显沉稳大气。

　　大大的窗子利于餐厅的采光和通风，而白色墙面和白色的柜子给人的感觉是简洁大方。浅蓝色的点缀为空间增加了一份清新、淡雅。

　　简单的桌椅、精致的摆设，组合在一起别有一番情调和味道。角落里摆放的盆栽为餐厅增添了一抹生机。

RGB=234, 233, 231
RGB=58, 53, 60
RGB=185, 201, 214

同类配饰元素

该餐厅整体设计属于清爽的美式田园风格，清新自然。整体空间环境以类似色的配色方案，使整个空间色调统一、和谐。

餐厅以草绿色为主色调，搭配褐色的木质桌椅，尽显精致、美观、大方、自然。

绿色是最接近自然的颜色，草绿色的主色调让整个餐厅尽显惬意、美观。木质与主色调的结合让整个空间显得精致优雅。

餐桌与橱柜盆栽的装饰，为整个空间增添了色彩，同时又相互融合，让整个氛围更加温馨。

RGB=206，294，144
RGB=70，37，31
RGB=73，114，146

同类配饰元素

该餐厅整体设计属于雅致的北欧风，整体空间环境以清新的色调进行搭配，尽显整个餐厅的惬意气氛。

餐厅采用淡雅的白色、杏黄色、浅蓝色为主色，绿色、青色、灰色等多种小面积的色彩为点缀色，尽显惬意轻松的家庭氛围。

白色木质餐桌使整个空间温暖而干净。餐厅邻近窗边，白色和自然光的搭配打造出了一间明媚、富有浪漫气息的餐厅。

墙边的绿植以及墙上的绿植挂画，极具北欧特色。而时尚富有设计感的吊灯增强了空间的层次感。

同类配饰元素

RGB=240，238，240
RGB=108，143，4
RGB=187，182，178

3.5　书房

　　书房是家中工作室，是用于阅读、学习的空间，是最能体现业主个性、爱好、品位的空间。书房布置要保持相对的独立性，因为阅读需要安静的环境。装修设计风格要以安静、沉稳为主，因此墙面、地面的设计不能过分追求夸张和刺激，要以宁静、舒心为主。

特点

充足明亮的照明和采光。

装饰风格应该代表主人的品位和内涵。

安静、宁和的氛围。

区域分明、条理有序。

建议颜色以轻松、宁静为主。

　　该书房整体设计属于庄重的现代风，沉稳大气。整个空间设计用精简的线条创造出大方规矩的效果。

　　书房采用重褐色为主色，搭配少许的黑白为点缀，避免了沉闷，这种经典的色彩搭配，既彰显了书房的大气高雅，又让稳重的气场扑面而来。

　　合理划分书房的区域空间，让居住者既能安静舒心地工作，又能悠闲惬意地阅读。白色绒羊毛地毯柔软舒适，给书房增添了一丝柔软和雅致。

同类配饰元素

RGB=106, 89, 90　　RGB=16, 14, 16　　RGB=229, 227, 297

　　该书房整体设计属于美式风格，沉稳时尚。整体空间设计正好迎合了主人对生活方式的需求，既有文化感、贵气感，又不缺乏自在感与情调感。

　　卧室采用淡淡的米色和褐色进行搭配，整个空间散发着宁静、祥和的气息，不会让人产生浮躁之感。

　　实用性极强的书桌与米色调的墙面相搭配，宁静、简约中透出新鲜和时尚。

　　通过窗幔折射进自然光会显得温暖舒适。美式感的桌子增加了储物空间，整个空间的时尚感骤升。而棕色的地板为整体空间增添了稳重感。

RGB=229, 226, 209　RGB=74, 52, 39　RGB=157, 168, 181

　　该书房整体设计属于新古典风格，整体空间环境用单纯的色彩，简化的结构打造儒雅、安静的氛围。

　　整体以米色搭配棕色，棕色的木质家具，营造出主人的品位和内涵。

　　棕色的木质家具赋予空间大气沉稳的气质。柔和的灯光烘托出整个书房的素雅、幽静氛围。简单的工艺品和墙壁装饰画，既打破了空间的沉闷，又增添了时尚和情趣。

RGB=234, 228, 214　RGB=60, 34, 33　RGB=19, 23, 41

3.6　卫浴

　　卫浴提供给居住者盥洗、浴室、厕所三种功能。卫浴设计不仅多元化，而且造型精致，利用线条呈现几何立体空间，在视觉上达到利落清爽的效果，在整体设计上划分应注意干湿分明的格局，并且保持良好的通风，防止室内潮湿。

特点

简单方便的设计理念。

功能齐全，使用便利，干湿分离。

享受、休闲、清洁、保健为一体的生活方式。

灯光布置很有讲究，可实用性、艺术性兼顾。

　　该卫浴整体设计摒弃繁杂的外形结构，以造型坚硬的线为主，勾勒出硬朗的结构。搭配柔和的椭圆浴缸，刚与柔对比的美感轻松突显。

　　卫浴以灰色为主，几许白色和其他少许彩色的加入，为空间增加了一丝动感、清新、大气。

　　悬浮的洗漱台，凸显空间的收纳功能，增强空间的实用感。棕色实木的调和使空间环境释放出尊贵的视觉效果。

同类配饰元素

RGB=138, 135, 137　RGB=133, 115, 107　RGB=229, 223, 206

该卫浴间整体设计属于淡雅北欧风。整体空间环境在设计中比较新奇与独特，通过精巧地设计与配色，呈现出明亮、通透的质感，让人眼前一亮。

卫浴间的棕色地板上铺着粉绿相间的绒毯，既起到安全的作用，同时又为单一的蓝色增加亮点。墙面采用水青色方块以及绿植装饰画作装饰，清新而典雅，不同形状的吊灯光线在玻璃外自然光的反射下在墙上投下好看的光晕，带着波光粼粼的动感。

同色系的浴缸和桌子以及靠窗的墙面，与棕色地板之间产生了强烈的时尚撞击，为空间增加了不少靓丽气息。

同类配饰元素

 RGB=90, 182, 216 RGB=181, 111, 69 RGB=160, 185, 165

该卫浴整体设计属于极简风格，整体空间环境传递出生活的安宁与自在。在造型设计上极致简练，使得整体环境流露出自然气息。

卧室采用米色为主色，加以绿色和棕色为点缀色。这些色调可以很好地创造出轻松舒适的气氛。

悬浮的洗漱台，凸显空间的收纳功能，增强空间的实用感。经典的木制窗帘装饰、木框镜子和木制地板相呼应，让整个浴室空间从骨子里散发着耐人寻味的精致与优雅。空间中增添几许绿色植物，彰显自然品质生活。

同类配饰元素

RGB=182, 150, 126
RGB=233, 225, 219　RGB=172, 182, 111

3.7　衣帽间

衣帽间指在住宅居所当中，供家庭成员存储、收放和更衣的专用空间，主要有开放式、嵌入式、独立式三种。通常，合理的储衣安排和宽敞的更衣空间，是衣帽间的总体设计原则。

特点

不完全封闭。空气流通好，宽敞。房间内照明充足。

具有强大的储物功能，设计合理，方便主人挑选衣物。

衣帽间可根据主人的喜好和居室的整体风格任意搭配色彩和造型，具有很大的可塑性。

该衣帽间整体设计属于北欧风格，整个的空间设计为开放式衣帽间，沿着空墙存放，具有方便、简单、宽敞的特点。

衣帽间整体颜色以米色为主，为避免单调，在空间中增添了少许暖色调色彩，打造出不一样的视觉效果。

衣帽间的地毯采用经典拼接图案构成，加上简约沙发凳，既打破了整个空间的沉闷，又突显了居住者的高贵与时尚。

室内吊灯设计富有极强的艺术底蕴，层层环绕的透明薄片，悬挂于天花板之上，增强了空间的层次感。而且暖色调的灯光，使整个空间散发着浓浓温情，令人心情愉悦。

同类配饰元素

RGB=218, 183, 152　RGB=100, 39, 42　RGB=0, 0, 0

　　该衣帽间整体设计属于简约风格。整体空间采用 L 形嵌入式，高至屋顶的设计，充分利用室内空间。

　　用简约的浅米色去扩展空间，可以让空间显得宽敞、凉爽。而家具、墙面、地板以及天花板等颜色，采用同色不同明度的色彩进行搭配，产生一种非常柔和的时尚效果。

　　用线条打造出别样风情，传递轻松快乐的生活态度。家具和墙壁融为一体的同时不会使房间因家具产生拥挤感。而且嵌入式比较适合中小户型房间，比较节省面积，空间利用率高。

　　衣帽间区域划分多且合理，长衣区、短衣区、叠放区、裤架、抽屉、收纳格子等一应俱全，展现出强大的收纳空间能力。

RGB=221, 216, 196
RGB=196, 189, 160
RGB=234, 234, 224

同类配饰元素

　　该衣帽间整体根据空间特有的结构设计衣柜，采用 L 形独立式设计的衣帽间，其对住宅面积要求较高，储存空间完整，并提供充裕的更衣空间。

　　衣帽间摆放衣物的家具以实木的褐色为主，给人感觉过于凝重，但白灰色墙体的围绕打破了沉闷，突显自然、时尚气息。

　　在空间充裕和资金充足的情况下，将一间房打造成专用衣帽间，衣物、配饰拥有独立的收纳空间。同时宽敞的空间也能为人们在更换衣物时带来舒畅的好心情。

RGB=141, 109, 86　RGB=167, 182, 184　RGB=228, 232, 237

同类配饰元素

3.8　玄关

　　玄关指的是居室入口的一个区域，也就是进入室内换鞋、更衣或从室内去室外的缓冲空间，在住宅中玄关虽然面积不大，但使用频率较高，是进出住宅的必经之处。玄关是开门的第一道风景，是房门入口的一个区域，主要是为了增加主室内的私密性。避免客人入门时一览无余，从而起到视觉上的遮挡效果。

特点

　　视觉屏障作用和较强的使用功能。

　　玄关可形成一个温差保护区，在开门时不至于让风从缝隙直接吹入室内。

　　起到非常好的艺术美化装饰作用。

　　具有很强的过渡和缓冲作用。

　　该玄关整体设计属于个性的波普风格，整体空间环境运用了大量鲜明的色彩，却没有眼花缭乱的感觉。以夸张、时尚又复古的装修样貌，让整个室内家具装饰充满一种别样的活力和氛围。

　　玄关整体环境以玫红色、黄色、米色和黑色进行搭配，充满个性的时尚魅力。

　　过道处的墙面采用鲜艳的玫红色主打，时尚中略带着一点不羁，适宜地加入一些亮黄色，使空间的色彩更具感染力。在靠墙的位置放上了一个白色的柜子，再添上两把黑色的座椅，一个小小的独立休憩空间就此打造而成。

　　在过道的尽头，用一面墙的面积打造了一幅色彩艳丽的夸张彩绘以及在该空间内摆放的各种夸张摆件，极具波普风。

　　整个装饰与颜色的选用打破以往的安静、淡雅，而极具视觉冲击力，让人眼前一亮，别具一格。

RGB=232, 83, 102
RGB=251, 227, 105
RGB=231, 225, 193

同类配饰元素

该玄关整体设计属于简约现代风，极简而时尚。整体空间在合理规划的基础上尽显实用性和展示性。

玄关以白色为主，黑色为点缀，而少许红色的点缀既减少了单调感又使整体给人一种休闲舒适的雅致气息。

白色的墙面，不会显得浑浊昏暗，再加上红色地毯以及灯光的照映，更显得清澈明亮。

玄关墙面采用开放式的书架，令空间更加具有文艺清新风范。书架斜对面摆放大量装饰画，呈现出主人的时尚艺术气息。

RGB=255, 255, 255
RGB=22, 22, 22
RGB=166, 26, 12

同类配饰元素

该玄关整体设计属于奢华欧式风格，将室内雕刻工艺集中在装饰和陈设艺术上，在华丽的色彩中用暖色调加以调和，以及猫脚家具的运用，构成室内华美厚重的气氛。

玄关采用米色为主色，褐色和金色为辅助色。这些色调可以很好地创造出奢华亮丽的气氛。

整体空间在形式上以浪漫主义为基础，采用大理石地砖、华丽多彩的装饰画、精美的地毯、多姿曲线的家具，让室内显示出豪华、富丽的特点且充满强烈的动感效果。

RGB=205, 199, 187
RGB=189, 171, 134
RGB=105, 75, 54

同类配饰元素

3.9　阳台

　　阳台是居住者呼吸新鲜空气、晾晒衣物、摆放盆栽的场所，其设计需要兼顾实用与美观的原则。阳台不仅可以使居住者接受光照、吸收新鲜空气、进行户外观赏、纳凉、晾晒衣物，如果布置得好，还可以变成宜人的小花园，使人足不出户也能呼吸到清新且带着花香的空气。

特点

　　强调和谐搭配，主要是颜色与材料的合理搭配。

　　讲究功能的完整与整体性。

　　色调温馨柔和，追求视野开阔的效果。

　　注重环境的整体与协调。

　　该阳台整体设计属于简约现代风格，整个空间设计为封闭式阳台，用玻璃窗做隔断，既可隔绝或减少城市噪声对室内环境的干扰，又有利于室内空间良好空气的创造，还可以减少空调负荷，节约能源。

　　阳台采用明亮的白色为主色，搭配色彩鲜艳的植物作装饰，避免了沉闷，使得人们推开玻璃门，就可以呼吸到清新且带着沁人心脾的花香。

同类配饰元素

RGB=241, 242, 247　RGB=73, 117, 75　RGB=243, 219, 38

　　该阳台整体设计属于美式乡村风格。整个空间设计为封闭式阳台，采用玻璃窗做隔断，阳台内摆些绿植，微风吹来，可以感受到轻松舒适的午后时光。

　　该阳台采用棕色和褐色进行搭配，加以绿色和米色等淡雅的颜色作点缀，整体给人一种舒适惬意的雅致气息。

　　墙上的绿植以及陈列架上的鲜花，给人一种自然、舒适感。而阳台上摆放着书架，可以供人们在休闲时翻看，坐在秋千摇椅上看着书喝着茶，想想都有一种放松舒适的感觉。

　　在阳光的沐浴下，在木质的地板和桌椅的修饰下，无一不展示异国度假风。很适合忙碌的都市人在下班后忙里偷闲。

同类配饰元素

RGB=141, 119, 101
RGB=107, 160, 107　RGB=233, 221, 209

　　该阳台整体设计属于日式风格，整体空间环境传递出生活的安宁与舒适，且在造型设计上非常简练。

　　该阳台采用原木色为主色，搭配淡淡的月光白色、灰玫红以及黄绿色为点缀色。既打破了整体的沉闷，又创造出一种轻松舒适的气氛。

　　采用原木色的地板以及窗户框，搭配月光白色的窗帘，形成了朴素的自然风格。而地板上只简单地摆放一个地毯沙发床和一个盆栽，为整体环境塑造了一个轻松舒适的惬意氛围。

　　竹制的千层吊灯发散的灯光加上窗外的自然光，暖洋洋的色调更加使人舒适放松。

同类配饰元素

RGB=204, 175, 131
RGB=215, 210, 195　RGB=176, 155, 149

第 4 章

室内设计风格

　　家居装饰从最简单的装修发展到后来运用多种元素进行精致的装修，通过硬装饰和软装饰的搭配，形成多种风格的空间设计，让我们足不出户就可以体验到不同的地域风情。家居装修风格主要分为现代风格、欧式风格、美式风格、新古典风格、地中海风格、北欧风格、东南亚风格、中式风格、田园风格、工业风格和混搭风格等。

　　现代风格在视觉上给人前卫、现代的感官享受，注重功能性与空间性的统一，重视家具材料的材质，不需要过多复杂的线条，在简单中呈现几何立体的精致之美。

　　欧式风格适用于拥有较大空间的房屋，在合理的装饰与搭配下可以展现整体的奢华大气与尊贵优雅。

　　美式风格因其随意不羁的生活方式，没有过多的装饰约束，在大气中尽显自由随意的特点。

　　地中海风格因其独特的地理位置，色彩多体现为蓝色、白色，家具材料就地取材，线条造型大多不修边幅，显得更加自然。

4.1　简约的现代风格

　　现代风格是以简约为主的装修风格，而简约风格的特色是将设计的元素、色彩、照明、原材料简化到最少的程度，但对色彩、材料的质感要求很高。因此，简约的空间设计通常能达到以少胜多、以简胜繁的效果。

特点

　　强调功能性设计，空间结构线条简约流畅，色彩对比明显。

　　空间简约而实用。

　　大量应用白色、黑色、灰色。

　　金属是简约风格中最常用的材质。

　　该客厅设计属于简约的现代风格，简单的空间环境，体现出整个风格的随意、自然，同时为空间营造出恬静、优雅的氛围。

　　空间采用黑、白、灰色为主色进行搭配，少量的跳跃绿色进行点缀，让空间层次感强烈，从而打造出沉稳大气的客厅氛围。

　　黑色的高腿凳与白色的家具相搭配，使整个空间充满了理智、冷静的感觉；而绿色的水果、鲜花以及毛毯的点缀，为空间添加了生气和亮点。

　　造型夸张的吊灯、旋转的楼梯，时尚感与现代化的结合，个性而大胆。

同类配饰元素

RGB=221, 222, 226
RGB=4, 4, 4　　RGB=175, 208, 101

该客厅设计属于简约的现代风格，整体空间环境以开放式的布局设计而成，加上大量使用"线"结构，突出了简约的风格特点。

该客厅采用黑、白、灰色为主色进行设计，加以朱红色元素作点缀，在打破单调、沉闷的同时呈现出不一样的视觉效果。

空间中造型一致的两组沙发采用朱红色与深灰色进行色彩搭配，简洁又大气。而沙发右侧的动物装饰，为空间增添了充满个性的时尚气息。

同类配饰元素

RGB=37, 32, 29
RGB=255, 255, 255　RGB=238, 89, 47

该厨房设计属于简约的现代风格，整体空间设计符合现代人快节奏的生活，环境整洁又时尚前卫。

该厨房以白色为主色调，合理地运用灰色调的搭配，显得整个空间整洁干净。

白色的橱柜显得高洁典雅，整体的白色和灰色厨具干净整洁。波纹壁纸的搭配，让整个空间更显鲜活，植物的摆放装点了整个空间。

同类配饰元素

RGB=239, 239, 239　RGB=131, 125, 109　RGB=66, 56, 46

4.2 奢华的欧式风格

欧式风格最早来源于埃及艺术，以柱式为表现形式，主要有法式风格、洛可可风格、意大利风格、西班牙风格、英式风格、北欧风格等几大流派。而奢华的欧式风格除了应用在别墅、酒店、会所等项目中，这些年也越来越多地应用于居住空间设计。常给人以高贵、优雅、大气的感受。

特点

强调以华丽的装饰、浓烈的色彩获得华贵的装饰效果。

多使用欧式元素，如带花纹的石膏线勾边、欧式吊顶、大理石、水晶吊灯、欧式地毯、雕塑装饰、雕花家具等。

空间面积大，精美的油画与雕塑工艺品是不可或缺的元素。

突出整体的高贵与大气，精致而不失风尚。

该客厅设计属于奢华的欧式风格，采用反拱形的天花、精益求精的雕刻和线条简洁的沙发完美结合，呈现出一种惬意浪漫的意境。

大量运用暖色为主色调，用少许的冷色点缀，使视觉感官更加美观。

在用水晶吊灯以及精美的台灯作装饰的同时，加上大量的石膏、镀金来点缀，让整个客厅尽显奢华与高贵的气派。

复古的花纹地毯与空间中花纹雕刻交相呼应，使空间更加丰富饱满。

同类配饰元素

RGB=226, 207, 174　RGB=114, 17, 8　RGB= 51, 29, 28

该客厅设计属于奢华的欧式风格，空间采用经典的欧式风格代表性的家具以及雕刻工艺，奢华中透露着大气。

客厅采用淡淡的灰色搭配玫红色和褐色组成整体空间色彩，营造出一种奢华、浪漫的氛围。

两个深灰色天鹅绒沙发上装饰着玫红色抱枕，用黑色流苏装饰的枝形吊灯以及丝绸窗帘，加上墙壁上精美的挂画，增添了欧式风格客厅的优雅感。

同类配饰元素

RGB=216, 213, 217　RGB=190, 77, 84　RGB=113, 78, 76

该客厅设计属于奢华的欧式风格，空间环境采用对称式的方法，而悬挂水晶吊灯的装饰，既打破了整个空间的硬朗，又使得层次更加分明。

空间色彩以白色为主基调，搭配黑色作点缀，展现出室内优雅、高贵的氛围。

地面采用大理石铺贴，光滑、有亮泽。拱形的室内设计，增大了空间，提升了空间的层次感。水晶吊灯的装饰使得空间不会过于空旷，空间两侧摆放着两尊雕塑，为空间增添了浓烈的艺术气息。

RGB=233,225,222
RGB=17,20,27
RGB=147,129,129

同类配饰元素

4.3　典雅的美式风格

美式风格顾名思义就是源自美国的装饰风格，它在欧洲奢侈、贵气的基础之上，又结合了美洲大陆的本土文化，在不经意中成为另外一种休闲浪漫的风格。美式风格摒弃了过多的烦琐与奢华，没有太多的装饰与约束，是一种大气又不失随意的风格。

特点

通常用大量的石材和木饰。

强调简洁、明晰的线条和优雅的装饰。

讲究阶级性空间摆饰。

家具自由随意、舒适实用。

注重壁炉与手工装饰，追求天然随意性。

该客厅设计属于典雅的美式风格，简单的空间设计，体现出整个风格的随意、自然，同时为空间营造出恬静、优雅的氛围。

整体空间以米色为主色，搭配深蓝色、褐色为点缀色，凸显空间的明亮、宽敞而富有时尚的气息。

左右两侧装饰对称的米色调沙发和书柜，搭配绿植，美式风格的摆件作装饰，给人一种清新、优雅之感。

客厅中电视与壁炉分别放置在墙柱内，这样既节省了空间又创造了自然、典雅的视觉效果。

同类配饰元素

RGB=225，215，199　RGB=52，87，118　RGB=178，145，117

　　该卧室属于美式风格的儿童房设计。空间环境细节的局部改造，宛如梦想注入了生活，充满童趣。

　　空间以奶黄色为主色调，采用淡淡的浅绿色为点缀，整体色彩搭配呈现出一种轻快、活力的柔情。

　　充满活力的黄色系色调，是装修孩子卧室非常棒的选择，同样很适合装扮暖秋冬的空间，一些简单物件的点缀既化解了单调的视觉感官，又增添了层次感。

　　卧室采用落地窗户设计，使室内拥有良好的采光。

同类配饰元素

RGB=230, 220, 181
RGB=88, 56, 39　　RGB=243, 245, 225

　　该厨房设计属于典雅的美式风格。整体空间设计符合现代人快节奏的生活，空间环境整洁又时尚前卫。

　　整个空间采用白色为主色调，加以蓝灰色、灰色系色调为点缀，营造出一种雅致舒适的氛围。

　　白色的柜子、椅子，干净清新，蓝灰色的桌子上摆放着新鲜的水果、鲜花，让人看着就很想舒服地坐在其中。两盏金色吊灯营造高雅氛围，提升空间质感。

同类配饰元素

RGB=109, 128, 154
RGB=245, 248, 254　　RGB=87, 87, 87

4.4 雅致的新古典风格

新古典主义风格的设计是经过优化改良的古典主义风格。从简单到烦琐、从整体到局部，注重塑造性与完整性。更是一种多元化的思考方式，将怀古的浪漫情怀与现代人的生活需求相结合，也别有一番尊贵的感觉。

特点

用现代手法和材质还原古典气质，采用"形散神聚"的特点。

简化的手法、现代的材料，追求传统样式。

运用历史文脉特色，烘托室内环境气氛。

常使用金色、黄色、暗红色、黑色，少量的白色使空间更加气度非凡。

该客厅设计属于雅致的新古典风格，空间的局部对称与经典完美结合，体现出整个风格富有高贵、雅致的韵味。

空间以褐色与黄色为主调，少量白色的加入，在视觉上将空间放大显得宽敞大气。

精心雕刻的白色吊顶与吊灯和谐相处，缓解了空间的单调与严肃气氛。深色实木的装饰，古意盎然，为出众的华贵增添更多的内涵。

碎花地毯与沙发相互融合，体现的不仅仅是选择，更是一种生活的态度。

同类配饰元素

RGB=221，185，142
RGB=243，236，233　RGB=95，42，28

　　该客厅设计属于雅致的新古典风格，整体空间环境以简化的线条、自然的材质，给人以庄重惬意的感觉。

　　该客厅采用大量的米白色为主色调，加以棕色元素作点缀，打造出不一样的视觉效果。

　　白色与棕色花边的木质家具有着富丽温馨的色彩，让整个空间更加融洽。精致的壁炉雕花以及顶棚雕花装点空间更加温馨舒适。精美的水晶灯点缀，让整个空间显得温和而高贵。

同类配饰元素

RGB=210, 200, 192
RGB=152, 98, 34　RGB=202, 184, 158

　　该书房设计属于雅致的新古典风格，整体空间环境采用开放式的结构，以实木家具为装饰，把高雅的情趣和沉稳的设计手法融为一体，充分展现了雅致的新古典风格。

　　空间以褐色加米色形成整体的色彩搭配，再配以灰色，让整体显得大气而温馨。

　　原木的书橱以及柜子与墙上的装饰画和谐相处，缓和了空间的庄重气氛。

　　整体搭配将怀旧的雅致情怀与现代人的生活需求相结合，别有一番风味。

同类配饰元素

RGB=232, 217, 188
RGB=50, 25, 22　RGB=154, 142, 127

4.5　浪漫的地中海风格

地中海风格因富有地中海人文风情和地域特征而得名，简单的生活状态加上朴素而美好的生活环境成为地中海风格家居的全部内容。白色与蓝色的搭配是地中海风格最具代表性的配色方案，这种配色灵感来源于蔚蓝色的海岸与白色沙滩。自由、自然、浪漫、休闲是地中海风格装修的精髓。

特点

简约精致中回归自然，常使用自然中的元素装饰空间，如贝壳、沙等。

秉承白色为主的传统，为了避免太雅素，选择一两个色调的艳丽单色来搭配，如蓝色、青色、褐色。

该卧室设计属于浪漫的地中海风格，简单的空间环境，体现出整个风格的自然舒适，同时营造出恬静、浪漫的空间氛围。

该卧室以瓷青色为主色，搭配白色以及少量的灰色、棕色为点缀色，简单的色彩搭配，适合卧室风格。

圆形吊灯与格子状天花板错落有致，这是地中海风格的灵魂，浪漫的意境犹如清晨第一缕阳光滋润心房。而床头背景墙上挂着的圆形镜子，经典又独具特色。

同类配饰元素

RGB=165, 206, 205　RGB=237, 239, 243　RGB=76, 56, 43

　　该卧室设计属于浪漫的地中海风格，整体环境以拱形构成浪漫而温馨的空间。自然的线条，形成了一种独特的浑圆造型。

　　房间内只有少许的白色搭配蓝色块的马赛克瓷砖、独特的铁艺灯饰以及猫脚家具，为空间增添了别样的华丽氛围。

　　床头墙体的蓝灰条纹以及装饰画，都突显了地中海风格中独特的艺术气息。

同类配饰元素

 RGB=239, 238, 239　RGB=178, 176, 163　RGB=50, 120, 144

　　该客厅设计属于浪漫的地中海风格，在开放空间格局里，空间以不同明度的蓝色点缀白色空间，形成一种清爽怡人的居室环境。

　　整体空间采用蓝色调的色彩为主色调，加以褐色为点缀色调进行搭配，展现出轻松、随意的生活气息。

　　整体铺设的褐色实木地板，延伸了空间的连接，为整体效果奠定浪漫、舒适的氛围。淡色地毯明显地突出了客厅沙发的空间，使得空间环境清新、自然。

同类配饰元素

 RGB=233, 233, 234　RGB=111, 198, 213　RGB=29, 13, 7

4.6 淡雅的北欧风格

北欧风格是指欧洲北部国家挪威、丹麦、瑞典及芬兰等国的艺术设计风格，具有简洁、自然、人性化的特点。

特点

室内的顶、墙、地三个面，常用线条、色块来区分点缀。

简洁、直接、功能化且贴近自然。

通常色调较淡，常用白色、灰色加以蓝色。

该客厅设计属于淡雅的北欧风格，静谧的白灰色充斥着整个空间，加上深灰色的沙发布艺，将北欧风格的"冷淡风"发挥得淋漓尽致。

整个空间以灰色调为主色进行搭配，暖灰色调是北欧风格中常用的色调之一。为了不使人产生视觉膨胀感，一般会使用些较为明显的色彩家具来打破中性色软装饰带来的压抑感。

浅灰色的地毯和黑色与深灰色相搭配的沙发相互交映，为空间的色彩制造了平衡感。

同类配饰元素

RGB=233, 232, 230　　RGB=169, 167, 167　　RGB=46, 42, 43

　　该客厅设计属于北欧风格，整体空间的色彩以及饰品的搭配具有协调、舒适的技巧，每个细节的铺排，都呈现出舒适的氛围。

　　该客厅采用蓝灰色为主色、加以浅绿色和米色为点缀色，打造出干净明朗的空间环境。

　　空间中的椅子和茶几柜运用一些铁艺的框架形式，让整体造型体现出独特的外观和简约的质感；米色的软沙发，外观简洁却具有舒适感；墙上的装饰画，大小不一、错落有致，具有极强的装饰效果。

同类配饰元素

RGB=133, 179, 195
RGB=210, 225, 209　RGB=224, 214, 204

　　该客厅设计属于自然的北欧风格，整体空间的造型设计追求简洁流畅，选材上采用木制家具，充满了原始的质感，也体现了崇尚自然的理念。

　　该客厅以米色为主色，搭配红灰色、绿色调作为点缀色，为整个空间增添了层次和动感。

　　天然材质是北欧风格中不可或缺的元素，在该客厅设计中将木藤的自然色兼容到空间中来，木制家具搭配浅绿色系软沙发，充分展现出北欧风格装修的灵魂，同时展现出家具的原始色彩。

　　加以绿色植物以及蓝灰色系装饰画作点缀，为整体空间增添了一丝淡雅自然的气息。

同类配饰元素

RGB=227, 226, 222
RGB=211, 178, 144　RGB=137, 169, 135

4.7　民族风的东南亚风格

　　东南亚风格是一种结合了东南亚民族岛屿特色及精致文化特色的家居设计风格。广泛地运用木材和其他天然原材料，呈现出自然的、舒适的异域风情。这种风格追求原始自然、色泽鲜艳、崇尚手工。设计以不矫揉造作的手法，演绎出原始自然的热带风情。

特点

　　暖色的布艺饰品点缀，线条简洁凝重。

　　取材自然，纯天然的材质散发着浓烈的自然气息。

　　色彩斑斓高贵，以浓郁色彩为主。

　　常以金色、黄色、暗红色为主色调。

　　家具、装饰极具民族风情。

　　该厨房设计属于东南亚风格，整体空间展现出原始自然的热带风情，仿佛置身于热带森林之间。

　　整体空间采用琥珀色为主色，点缀少许的红色与绿色，在打破整体色彩单调的同时，又呈现出内敛而舒适的视觉效果。

　　细工艺的木质琥珀色橱柜家具，色彩鲜明，线条简洁凝炼，橱柜上摆放的各种装饰，带来南亚浓重的盛夏气息。

同类配饰元素

RGB=147, 64, 10　RGB=179, 35, 9　RGB=87, 118, 48

　　该阳台设计属于东南亚风格，整体空间环境自然原始，在色泽鲜明中营造出浓郁的热带风情。

　　该阳台以典雅的白色为主色调，中性色彩的搭配，局部点缀艳丽的红色，既增加动感又显得热情华丽。

　　露天阳台上的实木桌椅与植物搭配完美地与自然融合为一体。盆景的增添让平淡的空间焕然一新。

同类配饰元素

RGB=250, 250, 250
RGB=143, 175, 91　RGB=119, 61, 28

　　该卧室设计属于东南亚风格，整体空间设计符合亚热带气候的自然之美，在家具装饰的材质选择方面以自然环保为最佳，配合柔美的软装饰，让东南亚风格融入细腻的美感。

　　该卧室以偏黄色的暖色调为主与具有东南亚风格的家具相互搭配，营造出一个良好的空间氛围。

　　卧室中间摆放着一个具有民族风的大床，以及菱形图案的实木材质床头背景墙，充满天然的自然气息。空间整体装修风格适合喜欢安逸生活的业主。

同类配饰元素

RGB=152, 76, 56
RGB=248, 219, 103　RGB=214, 179, 151

4.8 庄重的中式风格

中式风格是以宫廷建筑为代表的中国古典建筑的室内装饰设计。更多利用后现代手法把传统的结构形式通过民族特色标志符号表现出来，这种风格最能体现传统文化的审美意蕴。

特点

空间讲究层次，多用隔窗、屏风来分隔空间。常使用对称式布局设计。

装饰多以木质为主，讲究雕刻绘画、造型典雅。

色彩多以沉稳为主，表现古典家居的内涵。多使用红色、褐色等色彩。

家居讲究对称，配饰善用字画、古玩和盆景。

该客厅设计属于新中式风格，整体空间环境在新中式风格中融入时尚新颖的元素，并与传统文化相结合，表达对清雅含蓄、高雅端庄的极具东方艺术的美的追求。

整体空间采用普鲁士蓝、棕色和米色作为空间的整体基调，充分展现出空间庄严、厚重的成熟感。

普鲁士蓝色的墙面与古典中式复古的沙发和书架相结合，加上墙上对称摆放的古典画框的点缀，都体现出主人简约、低调的品位。

同类配饰元素

RGB=48, 88, 123 RGB=254, 241, 214 RGB=97, 38, 22

该卧室设计属于庄重的中式风格，整体空间环境充分展现出传统的中式风格室内特点。

整体空间采用褐色为主色，搭配黄色以及蓝色为点缀，充分展现出古色古香的中式氛围。

架子床是中国古代常用的床具之一，架子床四周加上帷帐，犹如一件小屋别有洞天的感觉。床的四周以及屋内其他家具采用雕刻的花纹进行装饰，给人以极强的古韵和复古感。

同类配饰元素

RGB=183, 63, 15
RGB=247, 189, 108
RGB=1, 59, 225

该餐厅设计属于新中式风格，空间采用对称式的布局，造型朴实优美，把整个空间格调塑造得更加高雅。

该餐厅以黑色、白色、深褐色以及暗黄色为整体的色彩搭配，展现出空间古韵魅力和高雅内涵。

青花瓷的装饰盘和暗黄色的梅花背景墙，充分突显出东方文化的迷人魅力。天花板采用内凹式的方形区域，可展现出槽灯轻盈感的魅力，同时完美地释放吊灯的简约时尚感。

同类配饰元素

RGB=8, 5, 0
RGB=253, 254, 249
RGB=211, 153, 102

4.9　清新的田园风格

　　田园风格以园圃特有的自然特征为形式手段，带有一定的乡间艺术特色。在环境中表现悠闲舒适的田园生活。总之，田园风格的特点就是回归自然，无拘无束。

特点

　　朴实、亲切、实在，贴近自然，向往自然。

　　多以天然木、绿色盆栽作装饰，布艺、碎花、条纹等图案为主调。

　　空间明快鲜明，多以软装饰为主，要求软装饰和用色统一。

　　常使用自然中的色彩作为空间色彩，如绿色、褐色等。

　　该客厅设计属于清新的田园风格，简单的空间环境，体现出整个风格的随意、自然，同时为空间营造出恬静、舒适的氛围。

　　空间整体以米色为主，搭配枯叶绿色和粉色为点缀，展现出一个柔和的温馨空间。

　　绿色沙发衬托粉色抱枕，而粉色抱枕又与玫瑰的粉色相呼应，让整个画面浑然一体。完整的天然木材躺椅和地板，使整个空间看起来休闲、舒适，从而给人一种回归自然的感觉。

同类配饰元素

RGB=209, 208, 213
RGB=204, 195, 188
RGB=115, 172, 154

该客厅设计属于清新的田园风格，整体空间环境以新鲜的色彩搭配而成，在崇尚自然的同时为整体空间营造更为清新的氛围。

该空间采用绿色调为主，搭配锦葵紫色和蓝色为点缀，展现出充满活力的自然气息。

茶几上方蓝色的圆形吊灯、花纹图案的椅子、锦葵紫色的沙发以及绿色的沙发柜，整体搭配给人活泼跳跃的感觉。而多彩的茶几在空间中起到调和的作用，不会显得杂乱无章，反而为空间添加了清新自然的氛围。

同类配饰元素

RGB=204, 218, 217
RGB=213, 119, 151　　RGB=134, 177, 87

该卧室设计属于田园风格，整体空间以简单的设计手法，营造纯净的效果。

该卧室以白色、绿色为主色调，合理地运用黄色、粉红色等色调作为点缀，让整体呈现出清新的视觉效果。

铁架布艺的椅子，给人一种舒适感，可以消除疲劳与困乏。灰色毛地毯与纯白的天花相对比，使得整个空间更充实。

黄色的抱枕与花瓶的颜色相呼应，同时配以粉红色的鲜花，给人以新鲜而生机盎然的视觉。落地窗的设计，使得阳光直接照射进屋内，为空间增添清爽宜人的气息。

同类配饰元素

RGB=245, 245, 245
RGB=141, 203, 178　　RGB=254, 204, 21

4.10 复古的工业风格

工业风格是一种比较独特的设计风格，具有灵活性的大空间能将生活演绎得更为精彩。工业风格的室内通常是开放式的空间，不具有较强的隐私性却有丰富的生活节奏，而且它时尚前卫的气息，很受广大年轻人的青睐。

特点

工业风装修在设计中会出现大量的工业材料，如金属构件、水泥墙、水泥地、做旧质感的木材、皮质元素等。

格局以开放式为主。

空间结构层次分明，常使用隔断、金色构件等分隔空间的上下、前后、左右。

颜色多以冷色调为主，如灰色、黑色等。

该客厅设计属于复古的工业风格，整体空间以黑色的铁质装饰架勾勒出客厅格局，体现出整个风格的随意、自然。

房间整体的配色是以黑色与白色相搭配，白色打底，点缀大地色系，这种色彩搭配给人一种复古工业气息的简约、随性感。

家具和装饰品都是优雅的大地色系，搭配在一起十分和谐，客厅正中的时钟和墙壁上大大小小的装饰让房间看起来生动又时尚。

同类配饰元素

RGB=1, 1, 1　RGB=255, 255, 255　RGB=181, 173, 162

该客厅设计属于复古的工业风格，整体空间环境在裸露砖墙和原结构的粗犷外表下，反映了人们对于无拘无束生活的向往和对品质的追求。

整体空间的配色是以黑色与灰色相搭配，点缀绿色、蓝色和棕色，为整体空间增添了跳跃与动感，这种配色诠释了工业风简约、朴素、随性的特点。

地板和天花板都是灰色系，装饰板则多用黑色，再配上红砖墙复古而有层次，丝毫不会觉得乏味。再加以蓝色的软沙发以及棕色的铁质桌椅，可以让整体搭配在体现工业风的同时，又不乏高雅与舒适。

同类配饰元素

RGB=1, 1, 1
RGB=255, 255, 255　RGB=169, 113, 64

该厨房设计属于复古的工业风格，整体空间面积较大，宽敞而明亮。运用复古工业风装修更显得酷感十足。

该厨房以灰色为主色调，合理地运用原木色、黄色以及蓝色的搭配，充分展现出整个空间的沉重、复古感。

裸露的砖纹、水泥，给人带来不容忽视的朴实、硬朗之感；而清晰的橱柜木纹、做旧的铁艺餐桌椅、斑驳的油漆等装饰，让整个空间充满浓浓的历史感，同时营造出一丝怀旧的氛围。

同类配饰元素

RGB=64, 59, 53
RGB=152, 126, 93　RGB=161, 164, 59

4.11　文艺混搭风格

　　文艺混搭风格是将不同文化内涵完美地结合为一体，充分利用空间形式材料，搭配多种元素，兼容各种风格，并且将不同的视觉、触觉交织融合在一起，碰撞出混搭的完美结合。"混搭"不是百搭，绝不是生拉硬配，而是和谐统一、百花齐放、相得益彰、杂而不乱。

特点

不同的风格进行混合搭配。

混搭不是随意搭配，注意应杂而不乱。

混搭常使用纯度较高的色彩作为点缀色。

　　该客厅设计属于文艺混搭风格，整体空间将乡村元素与现代风格设计结合在一起，水泥横梁将整个空间象征性地分开，透出一股老房子的氛围。

　　空间以褐色为主色，搭配白色和其他色彩鲜艳的颜色作点缀，让空间层次感更加强烈，从而打造出沉稳大气的客厅效果。

　　多组窗户的设计，为室内提供足够的采光和通风。客厅铺了一张古朴花纹的地毯，复古感十足。而组合式茶几与沙发边的黄色茶几形成了时尚和古朴的对比。

　　用金属和玻璃制成的白色隔板置物架，上面摆放着绿植、书籍、小物件等各种装饰品，让整体搭配效果和谐自然。

同类配饰元素

RGB=137, 84, 47
RGB=236, 225, 224
RGB=239, 177, 64

该客厅设计属于文艺混搭风格，整体空间环境以软装饰和硬装饰的完美结合，共同构成了家中最美的客厅。

该客厅采用灰色为主色，加以褐色、玫红色、黄色等鲜艳的色彩元素作点缀，打破单调的同时又增加了一丝动感，让人眼前一亮。

采用实木的家具，搭配柔软的布艺沙发，混搭感十足。地毯以多种几何图形相拼凑而成，设计感十足。吊灯采用了复古的欧式风格，蜡烛式的设计，非常典雅。

阳台与客厅采用互通的结构设计，节约空间面积，使其更加宽敞。

同类配饰元素

RGB=225, 224, 228
RGB=84, 69, 60
RGB=208, 197, 106

该客厅设计属于文艺混搭风格，既有地中海风格的蓝色浪漫，又有北欧的风情。整体空间中家具采用对称的方式进行搭配，具有一种和谐的亲和力。

该空间以白色、棕色为主基调设计，合理地运用绿色调和蓝色调进行点缀，显得整个空间清新干净。

壁橱摆放着两盆绿植，令空间更加富有生机。而蓝色的沙发和抱枕以及棕色图案的地毯，满满的都是北欧风的味道。

原木色的家具与地板相呼应，二者是客厅色彩中比较沉稳的色彩。整体空间的色彩搭配在混搭中展现出不一样的风格。

同类配饰元素

RGB=229, 234, 238
RGB=210, 183, 162
RGB=31, 79, 145

4.12　悠然的日式风格

传统的日式家具以其清新自然、简洁淡雅的独特品位，形成了独特的家具风格，对于生活在都市中的我们来说，日式家居环境所营造的闲适写意、悠然自得的生活境界，也许就是人们所追求的。简约又富有禅意的日式家居风格很受当代人们的喜爱。

特点

清新自然、极致简约。

一般采用清晰的线条，使居室的布置带给人以优雅、清洁的空间环境。

空间简约而实用，材料以自然环保的木材质为主。

常使用白色、原木色等高明度色彩，还原自然本质。

该客厅设计属于悠然的日式风格，简单的空间环境，体现出整个风格的随意、自然，同时为空间营造出恬静、舒适的空间氛围。

整个空间以原木色调为主，清新淡雅。运用清晰的线条、淡雅的色彩、自然的原木材质等经典的日式风格元素，打造了一个舒适的生活环境。

客厅大量使用木元素和棉材质的结合，传达出对自然的亲近，从家具到饰品，营造出清爽盎然的自然氛围。浅灰色的沙发带来清爽感受，绿植、装饰画成为不可缺少的点缀，木与棉、冷与暖之间的对比，让这个空间变得独具魅力。

同类配饰元素

RGB=121, 80, 58
RGB=177, 173, 162　RGB=213, 219, 219

该客厅设计属于舒适的日式风格,整体空间面积虽然不大,却藏着无数功能:视听、影音齐聚客厅。把电视及电视柜全部嵌入墙里,缓解了空间比例不协调的尴尬局面。

该客厅采用灰、白、棕三色为主色设计,加以绿色元素作点缀,打造出不一样的视觉效果。

采用藤编的灯罩,加上转角部分用青竹作为点缀,清新自然的气息扑面而来。

同类配饰元素

RGB=210, 208, 209　RGB=215, 183, 132
RGB=129, 120, 113　RGB=71, 118, 50

该客厅设计属于日式风格,整体空间以开放式的格局设计而成,客厅与餐厅整合在一个空间内,而卧室与客厅之间采用原木材质的木柜作隔断,木柜中间可摆放自己喜欢的摆件或者书籍,充分展现出木柜的多功能性作用。

该客厅以原木色为主色调,合理地运用白色、蓝色的作点缀,共同打造出一个整洁、干净的客厅环境。

原木色的橱柜显得自然、整洁。蓝色的沙发作搭配,让整个空间更显安逸,餐桌上摆放的鲜花装点了整个空间,为空间增添生机感。

同类配饰元素

RGB=239, 239, 239
RGB=131, 125, 109　RGB=66, 56, 46

4.13 轻奢的法式风格

法式风格主要包括巴洛克风格、洛可可风格、新古典风格等。法式风格空间的浪漫、情迷与法国人对美的追求是一致的。法式风格的色彩没有过分的浓烈，推崇自然，常使用白色、蓝色、绿色、紫色等，也常使用金色、红色作为点缀色。

特点

讲究空间中的对称，展现贵族气息。

追逐浪漫、大气恢宏、豪华贵气。

细节比较考究，如法式廊柱、雕花、线条等。

该客厅设计属于优雅的法式风格，简单的空间环境，以霜灰色的素雅糅合紫色的浓郁，形成法式的优雅气韵，绽放出居室旖旎浪漫的情调。

空间在低调优雅的灰白基底包围之下，紫色温婉装点，弥漫一室浪漫情韵。

墙壁上相对的挂画，一幅是色彩的恣意相融，宣扬自我；一幅似倾洒而出的酒香，妩媚迷人又轻雅愉悦，自然而然地渗透到每个角落。沙发上的流苏点缀，就像乐谱上巧妙安排的装饰音乐，令空间的旋律舒缓而灵动。在风铃般轻盈的灯饰下，一种法式典雅的恬静跃然于空间中。

同类配饰元素

RGB=191，186，179

RGB=130，129，135

RGB=117，82，105

该客厅设计属于优雅的法式风格，空间采用对称的布局和古典柱式构图，将空间的尊贵、大气、典雅表现得一览无余。走廊两侧是相对的开放式客厅与餐厅，高耸的大理石柱将高贵恢宏的气势注入空间，宛如艺术品般散发沉静、高贵的气质。

该客厅采用白色为基调，米黄与浅灰点缀其间，使整个室内充满温情与浪漫。在这样的底色之上，皇家蓝以内敛华美的姿态在纯净空间之中绽放出宝石般的华彩。

墙面与天花沿用西方古典建筑中常见的象牙白色木制饰面，精细的雕刻散发细腻轻盈的柔美韵味。与此呼应的是同样玲珑纤巧的家具，在优美线条的起伏回旋中展现出生活与美学交融的极致。

同类配饰元素

RGB=222, 221, 212

RGB=110, 104, 100　　RGB=67, 72, 106

该客厅设计属于优雅的法式风格。整体空间设计运用大理石、拼图地板、花纹墙纸等材料，使空间整体大气、典雅以及尊贵。

空间中的色彩倾向于选择与天然材料相近的自然色彩，如表现木材年代久远的褐色、亚麻布上干净的米色、陶器上自然的颜色等，整个空间的色彩与材质搭配呈现出一种自然而然的和谐之美。

在墙壁装饰柜中布置了很多收藏品，并搭配颜色亮丽的配饰陈设，巧妙地营造了复古的空间氛围，并散发出主人的独特品位。

同类配饰元素

RGB=243, 228, 225

RGB=191, 159, 121　　RGB=46, 93, 109

第 5 章

巧用软装饰搭配

软装饰是居住空间中所有可移动的元素统称。软装饰有很多,包括布艺、饰品、绿植、装饰画、灯饰等。软装饰具有灵活多变性,可以根据客户的喜好对空间进行软装设计,从而突出客户的气质和品位。

软装饰风格应与室内设计风格保持一致性。

软装饰的搭配不是随意地摆放、悬挂,需要精致地挑选和合理地布局。

软装饰搭配设计具有灵活多变性,要注重光的运用,搭配合理恰当会起到画龙点睛的作用。

软装饰设计让家居空间更丰富多彩,更具有个性。

5.1 布艺软饰

布艺是软装饰设计中很重要的元素，包括窗帘、床品、包装、餐布、地毯、挂毯等。布艺软饰本身具有柔软的属性，因此可以给室内空间带来不一样的视觉感受。布艺软饰的颜色、质地、造型等直接影响到空间的装饰效果。

5.1.1 窗帘——为生活增添不一样的新鲜感

窗帘具有调节外面阳光照射，遮阳隔热的实用作用。同时可以点缀空间，使得空间更具品质、更具风格。不同的窗帘效果不同，如纱帘、遮光窗帘，单色窗帘、花纹窗帘、麻布窗帘、欧式窗帘等。

设计理念： 该客厅以简约的现代风格设计而成。宽敞的空间，搭配造型简单的家具，突显空间素净、雅致的特点。

色彩点评： 白色的窗帘和白色的家具相搭配，营造出纯净随和的空间。

整个客厅设计为大面积的落地门窗，并装饰白色的长款落地窗帘，突显了整体空间素净、雅致的特点。

白色的窗帘环绕在窗前，既美观又增加了空间的安全感。

格子状的天花在视觉上提升了空间高度。白色的大面积运用，让整个空间给人一种干净、简洁的观感。

RGB=225, 223, 220　RGB=42, 27, 35
RGB=163, 92, 20

该卧室设计属于清爽的地中海风格，厚重的棉麻材料窗帘，可以有效地阻挡阳光的进入。

大面积的绿色给人眼前一亮的新鲜感，加上小部分的天蓝色，两种颜色的上下分割，使得空间颇具活力、生机勃勃。

RGB=109, 132, 59　RGB=146, 191, 197
RGB=241, 241, 241

该客厅设计属于奢华的欧式风格，罗马帘的应用，瞬间为整体空间增添了典雅不凡的气度。

整个空间大面积使用红色，给人一种尊贵、高雅的感觉。

RGB=188，108，85　RGB=202，174，133
RGB=35，35，29

5.1.2　床品，清凉温暖两不误

床品是家纺的重要组成部分，包括床单、被子、枕头等产品。床品的材质、颜色有许多种，可以根据不同的季节，采用不同风格的床品。轻薄材质的床品给人一种清凉感，增添了浪漫氛围，适合夏季使用。较厚的棉麻床品，具有保温效果，可以营造出一种温暖、舒适的氛围。

设计理念：该女孩的卧室设计属于雅致的美式风格。宽敞的空间，搭配极具美式风格的家具，让整个空间尽显雅致与舒适。

色彩点评：整体空间的色彩以粉色和奶黄色为主色调进行搭配，点缀些许的米色和蓝灰色，营造了一种温馨、雅致的氛围。

RGB=214，192，145　RGB=222，156，169
RGB=158，179，176

RGB=56，163，195　RGB=255，255，255
RGB=239，74，158

床上用品以粉色为主色调，搭配淡淡的米色作点缀，给人温馨、可爱的视觉感。

奶黄色的墙壁搭配粉色软装饰，为空间增添了温暖舒适的效果。

该卧室设计属于现代风格。色彩鲜艳的圆点图案的床上用品，为整个空间增添亮丽、欢快的气息。

背景墙采用统一的蓝白色调，仿佛置身于蓝天白云之间，非常舒适。单色的墙面搭配花哨的床品，不会显得杂乱。

该卧室设计属于混搭风格。黑白的背景照片墙，以及床头的木质装饰给空间添加了古朴的感觉。

蓝紫色条纹的床品以及悬挂的彩色编织椅，在色彩的碰撞中，为整个空间添加了动感与鲜活气息。

RGB=208，200，189　RGB=160，151，184
RGB=47，89，137

5.1.3　抱枕，拥有装饰和实用属性

抱枕是家居生活中常见用品，类似枕头。常见的抱枕抱在怀中可以起到保暖和一定的保护作用，给人温馨的感觉。随着人们生活水平的提高，抱枕越来越多地接近人们的生活，既可以在沙发上当靠垫，也可以看电视时抱着玩，已经成为家居用品和装饰的常见饰物。

设计理念：以简单的手法、素雅的方式，营造纯净的效果。

色彩点评：绿色是自然的代表色，清新淡雅，带给人新鲜而生机盎然的感受。

RGB=165，162，67　RGB=232，233，236
RGB=111，161，198

RGB=214，175，44　RGB=235，233，234
RGB=147，139，151

该卧室设计属于简约的现代风格。采用芥末黄色的抱枕作为装饰，为空间添加一丝生机。在人们睡觉时会感到温暖；累了的时候，把抱枕放在腰后，能够缓解脊背的疲劳。

新鲜的黄绿色，搭配天蓝色，让人感受到整个空间清爽宜人。

柔软的绿色及白色抱枕，给人一种舒适感，可以消除疲劳与困乏。

该客厅设计属于简约的现代风格。空间整体色调饱和度很低，而在这种空间中碧绿色沙发以及抱枕的出现让人眼前一亮，舒适而清新。同时在该沙发上放置其他颜色的小抱枕，同样为空间增添了一丝新鲜气息。

RGB=44，168，124
RGB=207，205，200
RGB=246，246，246

5.1.4　餐布，营造别样的用餐氛围

餐布，是指用来摆放在餐桌上的布艺。餐布的搭配效果直接影响一个人吃饭时的心情，风格一致的餐布给人以简单、舒适的感觉。而颜色漂亮、简单修饰的餐布，能给家人别样的视觉感受，使家里的就餐氛围变得轻松愉快。

设计理念：该餐厅设计属于淡雅的地中海风格。空间采用木质家具和回归自然的色彩进行搭配，从而创造出自然、简朴的高雅氛围。

色彩点评：蓝色是天空的代表色，具有洁净安逸的视觉效果。

RGB=203，197，171　RGB=154，127，99
RGB=83，53，49

RGB=144，172，167　RGB=223，185，75
RGB=229，226，227

选择这种质感较好、垂坠感强且色彩较为素雅的欧式餐布，显得十分大方，包容性强。相近的色系让它们相映成趣。同时让精致的餐具完全成为餐桌上的主角，极大地提高了用餐者的食欲。

大面积的蓝灰色给人一种舒适的感觉，同时有助于提升食欲。与之搭配的花纹桌旗和谐呼应了桌布的主色调，既能与桌布和谐相融，也能跳脱出来成为亮点。

同款的抱枕与之相呼应，加上餐桌上的绿色植物和彩色餐具，增添了空间的轻松舒适感。

该餐厅设计属于清新的田园风格。碎花的餐布，以枯叶绿色为底色，再配以花朵和枝叶的图案，二者在对比中呈现出另类的美感，比生硬的颜色搭配看上去更舒服，营造出温馨的用餐氛围。

RGB=170, 176, 123　RGB=194, 117, 91
RGB=91, 79, 48

5.2　花艺绿植

花艺是通过一定的技术手法将花排列、组合搭配，摆放在房屋中，使观者赏心悦目，体现人与自然的和谐相处。而绿植具有绿化空间的作用，在室内设计中常用于装饰空间。给空间添加了新鲜自然的气息。花艺绿植在空间中巧妙地摆设，有助于舒缓眼睛的疲惫。

5.2.1　绿植，美化清新两不误

绿植的摆设给人一种清新自然的感觉，在起到美化空间、给房间增添新鲜空气的作用的同时，也能帮助人们调节情绪。不同种类具有不同的功效，有的可以振奋精神，有的则可以镇静安眠。

设计理念：该客厅设计属于现代简约风格设计。在客厅中摆放一盆常青阔叶植物，为空间添加了自然的气息。

色彩点评：现代感十足的空间环境，搭配绿色的植物，给空间添加了一丝生机。

绿色植物代表着生命、活力、奋斗，具有积极向上的含义，给人一种想要努力奋斗的感觉。

现代化的皮质沙发、座椅，突出了空间的风格，皮质材料的质感好，突出主人自身有内涵。

RGB=152, 176, 13
RGB=224, 222, 209
RGB=70, 60, 52

该阳台设计属于怀旧的乡村风格。阳台中摆放的绿色植物作为空间中不可或缺的元素，具有净化空气、装饰空间的作用。

RGB=37，99，22
RGB=223，216，209
RGB=189，131，67

该卧室设计属于复古的工业风格。文化砖的墙面设置，给人一种古朴的感觉，植物的摆放在给空间增加动感的同时又带来了自然的气息。休息的矮榻，给人一个休闲舒适的空间。

RGB=99，121，21
RGB=125，113，102
RGB=241，237，233

5.2.2 摆放花艺，营造生机与活力

许多人喜欢在家里摆放花艺作品或绿植盆栽，为家中增添大自然的气息。花艺作为小摆设可以点缀家居，但同时必须注意的是花艺的摆设要与周围的环境相吻合，只有这样才能营造出生气勃勃的环境，不然可能会适得其反。

设计理念： 该客厅是以欧式风格设计而成。整个空间拥有深厚的古朴韵味。

色彩点评： 整体空间采用棕色调为主色调进行设计，显得非常复古和经典，点缀些许红色和绿色进行色彩调和，为空间增添了一丝鲜活气息。

　　在木质茶几上摆放鲜花，给空间添加了生机。

　　墙上的干花插花则和沙发墙融为一体，突显古朴的韵味，并且与鲜花产生生动的对比。

RGB=192，160，121
RGB=111，73，56
RGB=225，45，40

RGB=241，80，49
RGB=44，23，17
RGB=144，141，139

RGB=210，172，115
RGB=82，27，12
RGB=247，239，220

　　该卧室以欧式风格设计而成，在两个沙发中间的茶几上摆放花瓶，一朵朵锦簇的花朵象征着生机勃勃，花卉的颜色也与床上的靠枕、窗体的颜色相呼应，增添了整体空间的温馨感。

　　该餐厅设计属于美式风格。餐桌的中央摆放干花，水平型的插花设计，强调重心横向延伸，中央稍微隆起。其设计的最大特点是从任何角度欣赏都很完美，给人一种享受生活的乐趣。

5.2.3 落地花艺，提升陈设质量

在空间装饰中选择落地花艺时，一方面，要针对家居的整体风格及色系，选择合适的花艺色彩，进行整体的陈列与搭配；另一方面也必须懂得运用花艺设计的技巧，将家居花艺的细节贯穿室内设计，保持整体家居陈设的统一协调，在美化家居环境的同时，提升家居陈设质量。

设计理念： 该客厅是以美式风格设计而成。整个空间拥有自然简约的韵味，符合年轻人的选择。

色彩点评： 整体空间采用灰色调为主色调，点缀橙色、褐色进行色彩调和，再加上色彩鲜艳的落地花艺的装配，打破客厅空间单调沉闷的同时增加了动感。

RGB=231, 222, 215
RGB=198, 122, 69　RGB=122, 117, 113

在墙边摆放一盆落地鲜花，为空间增添了一丝生机。

倒三角形状的水晶灯和墙上的装饰画相互协调，为空间增添了时尚气息。

RGB=242, 206, 47
RGB=89, 115, 139　RGB=214, 215, 209

该书房设计属于简约的新中式风格，在窗边放置一盆精美的落地花艺，在为整体空间增加色彩的同时又塑造了一丝古典美的韵律感，而现代的家具样式和摆件，为空间增添简练的时尚感。整体陈设采用对称式布局，突显了中式风格的特点。

RGB=220, 191, 161
RGB=182, 182, 177　RGB=70, 87, 43

该餐厅设计属于淡雅的北欧风格。整体空间的造型设计追求简洁流畅，选材上采用木制家具，充满了原始的质感。在餐厅的墙角边放置一盆落地花艺，为整体空间增添了一丝自然的气息。

5.2.4　挂壁花艺，赏心悦目的装饰品

在进行空间装饰时，花艺的选择要与空间整体拥有连贯性、统一性。因为花艺是人们借助自然界的花草作为修身养性、陶冶情操、美化生活的一种方式。

设计理念： 该阳台是以现代风格设计而成。整个阳台空间采用了封闭式的设计，让整体空间的布置在简单中透露着恬静与优雅。

色彩点评： 整体空间采用褐色调为主色调，点缀绿色和米色进行色彩调和。

RGB=100, 85, 83
RGB=150, 188, 111　　RGB=212, 189, 161

RGB=120, 142, 27
RGB=84, 110, 177　　RGB=101, 64, 44

木板材质的墙面、地板以及家具，具有一种古朴的韵味。

藤草编织的三角花篮中放置着淡黄色的花朵，为空间增添了一丝鲜花的芬芳。

草绿色的抱枕和椅垫最为清新，两把藤椅和一张圆桌为休闲放松提供了场所。

该阳台设计属于文艺的工业风格，整个阳台空间采用封闭式设计而成。采用绿色植物来缓和工艺的死板气息，而墙壁上藤草编织的三角花篮中放置着鲜艳的花艺植物，在为空间增添了一丝颜色与芬芳的同时，也起到了很好的点缀活跃作用。

RGB=215, 195, 158
RGB=254, 254, 253　　RGB=154, 52, 115

该阳台设计属于清新的田园风格，整体空间以原木色材质的家具以及碎花图案抱枕搭配而成，在墙壁上悬挂着各种鲜花，这种素雅的搭配方式营造出一种纯净的空间效果。

5.3 饰品搭配

家装中的饰品搭配就是指家装装修完成之后，利用那些可移动的、可变换的饰物与家具对室内进行二次装修。作为可移动的装饰品，可以根据主人的需求、经济情况、房屋空间的大小形状等来进行摆放搭配，既可以体现主人的个性与品位，又可以为空间营造温馨、简约的风格。

5.3.1 摆件，喜欢最重要

现如今家居摆件的装饰在打破传统形式的基础上，形成了一种新的理念。根据空间面积和主人的生活习惯，从整体构造上设计，展现主人的个性品位。

设计理念：该书房设计属于简约的美式风格。精简的家居装饰，创造出大方规矩的书房。

色彩点评：整体空间采用棕色、白色为主色进行搭配，点缀些许蓝色系摆件，活跃了书房的气氛。

RGB=135, 84, 48
RGB=234, 235, 239
RGB=1, 61, 117

RGB=162, 157, 151
RGB=231, 213, 54
RGB=226, 225, 221

RGB=189, 125, 90
RGB=191, 159, 134
RGB=248, 252, 255

极具美式特色的家具，突显了主人的喜好特点。

书桌上摆放了一盏美式台灯作辅助，既装饰了空间又避免给人眼睛造成晕眩的感觉。

书桌上的另一端摆放着两侧都是鹿头的书立，不仅极具特色，还提升了个人的居家品位。

该卧室设计属于简约的现代风格。空间整体以高饱和度的黄色搭配低饱和灰色设计而成，高饱和的黄色为整个空间增添了动感和活跃。将背景墙做成内嵌式，在其中摆放着各种物品，在充分地利用空间的同时，又呈现出多层次的充实感。

该客厅设计属于简约的日式风格。白色的背景墙被形态各异的装饰画做成了相片墙的设计，而柜子上的装饰品摆件充分利用各自不同的材料质地来进行装饰搭配，为空间增添了复古的艺术效果。

5.3.2　镜子，现实与虚幻

镜子作为室内装饰是现在越来越流行的一种装修趋势。装修中镜子不但能够起到扩展空间的作用，在其他处所也有很多的妙用。应用镜面元素，既可以把家打造成一个在细节处出其不意的"魔法空间"，同时能将镜子假装成挂画，镜中景与室内装修完全呼应，打造出虚实之间的梦幻感觉，而做工精巧的镜框也能给室内墙面装饰，甚至起到画龙点睛的作用。

设计理念：该卧室设计属于简约的现代风格。在整个大的空间面积中，摆放着精简的家居装饰，突显大气简约的卧室氛围。

色彩点评：整体空间采用灰色调和黄色调进行空间的色彩搭配，灰色调抑制了黄色调的跳跃感，稳定了空间。

万寿菊色单人沙发，在打破单调的同时彰显一丝高雅，同时与黄色的抱枕相呼应，为空间增添了些许暖意。

灰色墙面上的方形镜子，扩展了室内的空间，很好地衬托了室内整体环境。

棚顶上的灯带吊顶，提升了空间的层次感。加上床边的床头灯，满足了卧室对灯光的所有需求。

RGB=240, 177, 1　　RGB=216, 192, 132　　RGB=207, 113, 1

RGB=254, 253, 255　　RGB=92, 136, 73　　RGB=121, 100, 37

RGB=231, 234, 239　　RGB=18, 158, 186　　RGB=118, 102, 91

该餐厅设计属于清新的田园风格。室内采用钴绿色碎花墙纸作为主色调，迎面仿佛闻到一股自然清新的味道。桌面上摆放一束花朵，有着净化空气的作用。而墙上挂着的带有花纹的椭圆形镜子，为空间增添了一份宁静。

该卧室设计属于雅致的地中海风格。白灰色与青蓝色搭配的床品，简约、时尚且酷感十足。地中海风格的碧蓝色梦幻家具，给人一种拥有亲近土地的舒畅感。墙上挂着一面用麻绳悬挂的圆形镜子，为空间增添一丝古朴气息。

5.3.3　吊饰，有趣的空间体验

吊饰，是指吊着的装饰物件。它应用的范围比较广，在室内装修中的吊饰物件常用来装饰和美化空间。

设计理念：该空间设计属于简约的现代风格。通过对空间的规划设计，以及运用灯光的控制和色彩的搭配，为空间塑造出一种富有艺术感染力的氛围。

色彩点评：整体空间采用白色调和棕色调进行空间的色彩搭配，并以绿色进行点缀，在充满时尚气息的同时呈现出动感。

RGB=198, 163, 121
RGB=271, 236, 242　RGB=84, 105, 4

空间内的展示面是一系列带有肌理的墙面，增加了整个空间的层次感，同时轻巧的产品可以放置在任意位置。

独特的墙面肌理也带来丰富的光影变化，给予本身简洁的室内环境丰富的细节。

天花板倒置吊挂的植物会带给人们一种有趣的空间体验。

RGB=187, 191, 190
RGB=230, 220, 224　RGB=224, 238, 255

RGB=62, 41, 53
RGB=202, 151, 113　RGB=216, 210, 197

该女孩房设计属于雅致的美式风格。室内采用灰、白色为主色，搭配淡粉色、淡蓝色作点缀，给人一种粉嫩气息。在帷帐上方悬挂的白桦木动物装饰挂件，增添了室内的童趣氛围。而床头左右两侧摆放的花艺以及粉色台灯，体现了女孩房的特点，公主范儿十足。

该客厅设计属于庄重的新中式风格。室内采用褐色为主色，搭配米色作点缀，营造出一种沉稳大气的氛围。在客厅的一侧悬挂一幅玻璃水晶珠帘，不仅起到装饰家居的作用，而且有效地隔断空间，是现代比较流行的隔断方式之一。

5.3.4　时钟，转动活跃的气氛

　　时钟是每个家庭必备之物，除了其本身的作用外，也是室内的装饰物。钟是动的，有转动之意，有去旧迎新之内涵，也有反覆变动之效应。因此，钟的摆放必须讲究。如果是报时钟，它每次报时时所发出的悦耳的响声为安静的家庭氛围增加了动感与活力。

　　设计理念：该客厅设计属于复古的工业风格，整体空间以黑色的铁质装饰架以及做旧的木板墙壁勾勒出客厅格局，体现出整个风格的随意、自然。

　　色彩点评：整体空间采用灰色调和褐色调进行空间的色彩搭配，给人一种简约、随性的复古工业气息，在简约中透露着大气。

RGB=199，198，194

RGB=87，58，47　　RGB=72，71，73

　　家具和装饰品都是优雅的做旧褐色，搭配在一起十分和谐，客厅正中的装饰画，为空间增添自然的艺术气息。

　　灰色墙面上的圆形时钟，营造出一丝怀旧的历史氛围。

RGB=66，75，104

RGB=159，79，26　　RGB=174，166，164

　　该卧室设计属于简约的美式风格。空间采用蓝色和灰色进行主色彩搭配，其中点缀些许褐色，为空间增添了些许活泼感。而高挑的落地窗帘以及造型独特的时钟，都彰显了主人的个性。同时为空间增添了一种沉稳大气的气息。

RGB=188，158，74

RGB=30，25，23　　RGB=250，250，250

　　该书房设计属于简约的现代风格。空间中只摆放一个白色桌子，搭配黑色简单椅子，形成了一个简单的工作区域。采用土著黄窗帘，在与地毯颜色相呼应的同时，给纯白的空间增添色彩冲淡僵硬感。而墙上的创意时钟，不但可以提醒主人时间，还起到装饰书房的作用。

5.4 墙壁装饰

在家庭装修中，为了增添氛围和体现主人的生活态度，常常在空间设计上装饰一些饰品。其中墙壁是整个房屋空间中较为重要的地方，常在墙上摆设装饰画、照片墙等摆件。而摆放的排列悬挂方式有很多，可以根据主人的喜好自行设计。

5.4.1 装饰画，不一样的视觉体验

随着生活水平的提高，家居装饰逐渐成为生活中的必需品。在潮流文化的冲击下，家居装饰画已经成为家居装饰中的一种流向趋势，一幅好的装饰画不仅能够完善家居，还能够给家居带来很好的视觉效果。

设计理念： 该餐厅设计属于简约的现代风格。整体空间多以木质家具装饰整个空间，体现出主人对艺术的追求。

色彩点评： 整体空间采用褐色和蓝色进行空间的色彩搭配，加以黄色作点缀，突显简约的现代生活气息。

RGB=116, 79, 66
RGB=76, 112, 162　　RGB=207, 173, 74

餐厅背景墙上挂着一组整齐的九宫格装饰画，整体显得自然舒适。

装饰画中适当的留白，让整个空间不会显得太闷，同时增加透气与自然之感。

RGB=219, 221, 233
RGB=161, 173, 189　　RGB=208, 103, 124

该卧室是一个儿童房的空间设计，墙面挂画上的图案为 26 个字母的图文介绍，为空间增添了学习氛围，同时增加了孩子的学习兴趣。

RGB=184, 174, 164
RGB=166, 189, 76　　RGB=100, 165, 191

该背景墙上方摆放的挂画设计具有一定的抽象性，对称的摆设，给人一种整齐简洁感。画中色彩的应用则给空间添加了朝气与现代化的氛围。

5.4.2　照片墙，时光的暂停键

照片墙就是人们按照自己喜好摆放图片形状的装饰墙，可以设置成各种各样的风格，随心所欲地摆放挂画，使得空间具有观赏性和时代感。

设计理念：该客厅设计是简约的现代风格。极其显眼的照片墙让人难以转移视线，同时体现出主人的浪漫主义情怀。

色彩点评：整体空间采用蓝色、灰色和粉色进行色彩搭配，突显出时尚的空间氛围。

RGB=3，100，187
RGB=188，194，204　RGB=237，205，207

在沙发背景墙上方将照片摆设成心形，整个空间充满了浪漫气息。

搭配不同色彩的抱枕，与心形的照片墙相呼应，使得照片墙更加突出，给人一种视觉上的冲击，成为难以忘记的焦点。

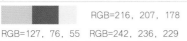

RGB=216，207，178
RGB=127，76，55　RGB=242，236，229

该楼梯间设计属于雅致的欧式风格。色彩、大小不一的相片的装饰画，使得空间内容丰富饱满，在具有观赏性和时代感的同时增加了动感。楼梯口处墙面大量使用装饰画，使得楼梯处具有主次分明的层次感。

RGB=211，196，170
RGB=203，146，72　RGB=65，53，43

该书房中背景墙上的照片陈列设计设置，给整个空间构成了一个主题，丰富了整个空间的内容，老照片的摆设，也带给人们一种回忆。

5.4.3　墙壁挂件，装饰单调的墙面

　　硬生生的墙壁总是会显得格外单调，而且在装饰上的选择确实不太多。其实我们生活中也会遇到这样的装饰需求，在进行的过程中，装饰挂件无疑是墙面装饰的最好选择。这种装饰品能够营造出很好的墙面装饰效果。

　　设计理念：该空间中的墙壁利用独具风格的装饰品装饰空间。

　　色彩点评：白色为底色，突显空间的明亮大方，加上蓝色的点缀，给人一种眼前一亮的感觉。

RGB=178, 168, 158　　RGB=40, 61, 104
RGB=228, 225, 216

　　使用造型简单、颜色清淡的柜子，给人一个干净、整洁、简约的生活空间。

　　青花瓷盘则作为背景墙装饰，突显出东方文化的迷人魅力。

　　简约风格与中式风格融合在一起，既有古典氛围又有现代简约气息。

RGB=229, 197, 159　　RGB=216, 184, 162
RGB=61, 106, 149　　　RGB=223, 39, 12

　　该客厅设计属于简约的现代风格。将海星、船桨等组合在一起组成了一个简单的沙发背景墙。

　　蓝色的方形矮椅给空间添加了大海的颜色。造型简单的家具，营造出清新爽朗的空间。

RGB=255, 255, 255　　RGB=35, 35, 29
RGB=134, 81, 67　　　RGB=119, 195, 218

　　该客厅设计属于混搭风格。在沙发背景墙上装饰着救生圈造型，为空间增添了活泼的趣味。

　　中式的褐色沙发，大气、沉稳，而现代感十足的条纹形状的地毯为空间增添了一丝动感。混搭风的搭配设计，使得空间更加时尚、大气。

5.5　灯具配饰

灯具主要的功能是照明，但在现在的家居装修中，灯具还拥有装饰的功能。而且在选择灯具时要注意其材质、样式等要和室内功能及装饰的风格相统一。

5.5.1　吊灯，光影的视觉效果

吊灯是指吊装在室内天花板上的高级装饰照明灯。吊灯无论以电线还是以铁支垂吊，都不能吊得太矮，不然会阻碍人正常的视线或令人觉得刺眼。以餐厅的吊灯为例，理想的高度是要在饭桌上形成一池灯光，同时又不会阻碍桌上众人互望的视线。

设计理念： 该厨房设计为华贵的美式风格，整体空间以冷色调为主，勾勒出洁净舒适的厨房环境。

色彩点评： 整体空间采用蓝色、褐色和灰色进行色彩搭配，偏冷的色调让人安宁，又突显出清新淡雅的氛围。

RGB=200，200，200
RGB=162，180，195　RGB=79，61，47

垂坠的吊顶水晶灯，拉近了空间的立体层次感。既给空间增添了华贵感，又在视觉上给人一种丰富感。

缠绕的造型设计，使得空间光影自然，造型优雅，让人们在进餐时享受温馨浪漫。

RGB=208，208，209
RGB=195，145，96　RGB=174，0，0

RGB=217，219，221
RGB=174，143，115　RGB=77，63，51

该餐厅设计属于时尚的混搭风格，金属圆球形的吊灯设计为空间增添了一丝华贵感。搭配彩色的椅子以及原木桌子等家具，在颜色的碰撞中既彰显时尚又让混搭风十足。

该厨房设计属于简约的美式风格。传统的灯泡内芯加上造型简单的玻璃灯罩，悬挂在吧台桌子上方，给人一种休闲、简约放松的视觉感。

5.5.2 壁灯，点缀温馨的环境

　　壁灯是指安装在室内墙壁上的辅助照明装饰的灯具，一般多配用乳白色的玻璃灯罩。光线淡雅和谐，可把环境点缀得优雅、富丽，尤其适合新婚居室。壁灯的种类和样式较多，一般常见的有变色壁灯、床头壁灯、镜前壁灯等。

　　设计理念： 该空间设计属于怀旧的工业风格，铁艺的壁灯应用，使整个空间充斥着浓浓的怀旧气息。

　　色彩点评： 整体空间采用暖色调进行空间的色彩搭配，突显出温馨舒适的生活氛围。

RGB=219，211，208
RGB=204，171，138　RGB=105，75，53

　　古铜色的壁灯，采用优质的铁艺灯罩和底盘制作而成，升降形式的设计，创意感十足。

　　米色的木质家具，再以绿色盆栽作装饰，使得整体空间在自然、随性中透露出居住者的个性与喜好。

RGB=146，161，164
RGB=136，134，121　RGB=244，229，196

RGB=184，156，118
RGB=11，8，5　　RGB=152，138，121

　　该客厅设计属于古典的美式风格。墙壁上六朵百合花壁灯，光源温和唯美，似乎让整个空间都充满淡淡的花香，闪闪发光的画面十分唯美。

　　该餐厅设计属于复古的工业风格。墙壁上的壁灯具有摇臂可伸缩、折叠的功能，通过优美的曲线，独特的造型设计，复古怀旧的色彩，营造出强烈而时尚的视觉焦点。

5.5.3 台灯，营造小气氛

台灯主要起装饰作用，不会影响到整个房间的光线，作用局限在台灯周围，便于阅读、学习、工作、节省能源。一个小小的台灯，虽然灯光效果不大，但是为室内营造的小氛围是不可忽视的。

设计理念： 该空间设计属于怀旧的工业风格，铁艺的壁灯，让原本怀旧的气息又重了几分。

色彩点评： 金色的灯光在昏暗的夜晚中，展现出一丝光明。

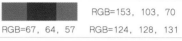

			RGB=153，103，70
RGB=67，64，57		RGB=124，128，131	

桌子上放着一款简洁设计的 LED 台灯，灯身由铝合金制作而成。虽然属于轻量级，但完全不影响它的坚固性，占用空间小和其线性简约的外形，让整体呈现出几何的立体感。

木质的家具，摆放几本书籍，打破传统的书房设计，创意感十足。

			RGB=3，51，81
RGB=2，174，184		RGB=33，44，54	

该卧室设计属于雅致的新古典风格。床头边的台灯装饰由白色椭圆形灯罩和青色瓷瓶组合而成，在整个卧室中成为亮眼的存在；而三面古典风的遮板加上右侧正方体的台灯和白色条纹的抱枕又给古典韵味中添加一些时尚风气。

			RGB=174，130，83
RGB=196，204，215		RGB=228，208，181	

该空间设计属于简约的现代风格。一台计算机，一盏台灯，构成了一个简单的办公区域。利用废弃的酒瓶和木板制作出这款造型优雅柔美的台灯，柔和的灯光让工作氛围充满家的舒适味道。

5.5.4 落地灯，时尚与实用相结合

落地灯通常分为上照式落地灯和直照式落地灯。一般布置在客厅和休息区域里，与沙发、茶几配合使用，以满足房间局部照明和点缀装饰家庭环境的需求。现在流行的一些现代简约主义家居设计中，时尚独特的造型与方便的使用性更受大众们的追捧。

设计理念： 该客厅设计属于简约的现代风格，独具创意的家居搭配，营造出艺术感十足的空间氛围。

色彩点评： 采用褐色和灰色以及白色形成整体搭配色彩，暖色调的应用，烘托出温暖舒适的空间环境。

RGB=102, 47, 27
RGB=225, 224, 219　RGB=116, 100, 78

手工制作的落地灯，利用再生纸创意设计成花朵植物的形状，独特的质地和色彩突显出空间的自然气息。

墙壁中摆放着造型奇特的雕塑，展现出主人的独特品位。

RGB=184, 176, 164
RGB=80, 90, 99　RGB=233, 237, 240

放大版的关节落灯，好用又好玩，在旁边摆放着两个铁艺简约款椅子，坐在花园中看书，不用担心光线不够，莫名有种好像还在书房内的错觉，直到抬起头来才发现眼前的视野更开阔，身边吹拂过的风也不再是电风扇或冷气，而是清新的自然风。

RGB=0, 0, 0
RGB=108, 127, 132　RGB=233, 237, 240

该客厅设计属于简约的现代风格。冷色调的色彩搭配加上简约的家居设计，体现出主人的独特品位。地球样式的落地灯，造型独特，创意十足。与后方电视桌上摆放的两盏圆形台灯相呼应，为整体空间设计增添了一丝时尚气息。

5.6　家具装饰

家具是人们日常生活中使用的器具，它起源于生活，又促进生活。在室内环境中，家具是室内设计的重要组成要素。它是实用的艺术品，与室内其他的装饰物共同构成了室内陈设设计的内容。而且家具不仅为我们的生活带来了便利，同时为室内空间带来视觉上的美感和触觉上的舒适感。

5.6.1　沙发，度过快乐时光

沙发是室内的重要装饰性物品，我们人生的很多时光是在沙发上度过的，而且沙发是主要的装饰物，更是不能缺少的家具之一。

设计理念： 该客厅设计为清新的田园风格，整体空间以极富生机的绿色为主色调，搭配各种鲜花色调，突显出清新淡雅的氛围。

色彩点评： 整体空间采用绿色为主色，搭配不同色彩的鲜花图样以及窗帘花边作点缀，勾勒出优美的客厅环境。

RGB=204，211，131
RGB=198，222，234　RGB=208，129，26

田园碎花图案的沙发椅，为清新的客厅环境增添了些许的新鲜生机感。

美丽的绿色墙壁与鲜花图样的沙发椅相呼应，仿佛绿叶配红花作辅助，使得空间清新自然，造型优雅。

RGB=210，190，173
RGB=65，64，69　RGB=238，239，240

RGB=135，141，97　RGB=247，243，240
RGB=207，173，137　RGB=118，58，50

该客厅设计属于简约的现代风格。客厅中大面积的米色沙发的摆放，充分展现出休闲慵懒的生活时光。客厅作为屋子的核心，给人一种时尚感。

该客厅设计属于美式的乡村风格。整体空间以浅绿色墙面为主体，深色地板上铺着一个浅色为主的大面积地毯，衬托浅绿色的碎花布艺沙发，体现出清新自然的乡村氛围。

5.6.2 几类，提升空间的美感

茶几虽是空间里的小配角，但它在居家的空间中，处于整个客厅的中心区域，也是视觉的中心区域，往往能够塑造出多姿多彩、生动活泼的表情。而且做好茶几装饰能够很好地提高客厅美感。

设计理念：使用带床幔的欧式床，可营造出独立、私密的睡眠空间。

色彩点评：大面积地使用粉色，给人一个可爱、甜蜜的生活空间。

RGB=237, 199, 192
RGB=225, 228, 223　RGB=115, 6, 80

精美的粉色床幔从架子上垂直到在地面上，给空间增添了清扬飘逸的感觉。

白色的圆形软茶几装饰，在视觉上带给人们一种可爱、俏皮的观感。

RGB=238, 241, 246
RGB=204, 167, 138　RGB=169, 22, 38

该客厅设计属于简约的现代风格。空间中只摆放着一个极具创意的可变形茶几和沙发，使得空间变得简洁整齐。沙发由三部分组成，可以组合起来也可以单独使用。就好像是堆积木一样，用户可以根据需要调节这款茶几的形状和使用面积，非常方便实用。

RGB=253, 205, 107
RGB=194, 201, 121　RGB=128, 64, 2

该空间以浅黄色墙面为主体，搭配绿色碎花的布艺沙发，墙角里面的绿植使得空间展现出清新自然的氛围。客厅中心位置的茶几是整个空间中较为显眼的存在，矩形的茶几在中间位置设计成椭圆形镂空，可以在其上下放置一下物件，具有多功能性。整个空间简单、干净，给人提供了一个放松的休息空间。

5.6.3　柜子，既实用又美观的物件

在家居空间中，处处都可以见到柜子的身影，无论客厅、卧室还是书房，甚至玄关与厨房等地方，都少不了柜子来进行收纳。不过，除了收纳的功能之外，柜子的合理设计还能够美化空间，起到装饰效果。

设计理念：该空间设计属于怀旧的工业风格，铁艺的家具应用，使得整体空间怀旧感更浓。

色彩点评：黑色占据空间中主要的色彩，搭配灰色与褐色作点缀，给人一种复古工业气息的简约、随性感。

RGB=203, 203, 203
RGB=41, 37, 36　　RGB=159, 135, 109

组合式系统家具是空间的一大亮点。在这个大大的方块中整合了多种家具功能，一个方块既拥有两个完整尺寸的床铺，同时拥有收纳、挂衣，甚至电视架的功能，如果加上滑轨，宏观一点来看，就成了个人的室内魔术方块。

透过不同的抽屉、尺寸组合，还能发挥更多功能，甚至非常适合聚落式的艺术家空间、寄宿学校学生的宿舍之用。

RGB=254, 254, 254
RGB=97, 78, 61　　RGB=62, 62, 62

RGB=189, 170, 102　RGB=1, 84, 66
RGB=68, 143, 185　　RGB=242, 133, 155

该客厅设计属于简约的现代风格。整体空间采用黑白灰为主色调，搭配褐色的原木材质家具，共同组建一个简约的空间环境。在电视背景墙上方设计一个创意的电视挂柜，呈不规则的立体几何造型，非常显眼。每个小柜子都带有开门设计，既整齐美观又可以防止灰尘进入，减少清洁工作量。

该客厅设计属于简约的现代风格。整体空间采用多种色彩进行搭配，给人的第一印象就是色彩明丽，颜色多样。整个墙面装饰了 4 行多彩的柜子，给人一种多彩靓丽的感觉，同时增加了空间的储物功能。深褐色的沙发与绿色躺椅起到补充的作用。

5.6.4 桌子，美化与装饰空间

桌子在室内设计中，是必有的家具之一，上有平面，下有支柱。可以在上面放东西、做事情、吃饭、写字、工作等。是由光滑平板、腿和其他支撑物固定起来的家具。除了摆放的功能之外，桌子的合理设计能够美化空间，从而起到装饰效果。

设计理念：该客厅设计属于简约的现代风格，独具创意的家居搭配，营造出艺术感十足的空间氛围。

色彩点评：采用白色调为主色调进行空间的主色搭配，烘托出洁净舒适的空间环境。

RGB=239，237，209
RGB=191，173，149　RGB=99，100，95

超薄多功能桌子的应用，具有节省空间的目的，通过一系列展开和折叠的动作来实现功能上的改变。可以容纳下许多东西，如CD、杂志和本子等，适合小户型家居使用。

在桌子前面摆放着一个高腿椅子，与极具创意的桌子相呼应，展现出主人的独特品位。

RGB=4，6，5
RGB=209，200，185　RGB=201，173，113

RGB=20，32，28
RGB=210，189，160　RGB=140，90，65

该餐厅设计属于雅致的美式风格。整个空间被精致、优美的金色框边的餐桌充满，是较为显眼的存在。加上悬挂的华丽吊灯，使得室内空间极具品位感，从而使就餐者具有精致的、舒适的享受。

复杂的品酒室为了保持、控制温度的特点使用质朴的砖墙，内置酒架和方形的瓷砖地板。房间的中央是一个酒桶桌，搭配皮革和木制的凳子，给人一个舒适、享受的品酒空间。

5.6.5　座椅，家居必备单品之一

椅子作为日常生活中的家具之一，起到至关重要的作用，可以作为装饰的同时，还可供人们休息使用。其中座椅有靠背，还有扶手等不同的样式。

设计理念：精简的线条创造出大方适意的书房。

色彩点评：整体空间以黑、白、褐色以及橙色作整体搭配色调，使书房的气氛显得十分大气，让沉稳的气场突现出来。

RGB=214，215，209
RGB=62，52，41　RGB=225，93，56

橙色座椅的点缀，丰富视觉效果又没有打破整体风格的和谐。

合理的划分将书房多种作用显示出来，既能摆放计算机又能静静地坐下来阅读。

褐色地板稳重大气，灰白色调的柜子整洁雅致。

RGB=175，175，175
RGB=170，162，147　RGB=185，114，81

该餐厅设计属于雅致的欧式风格。整体空间以高级的色调搭配而成，充分展现出低调奢华的内涵。

极具欧式风格的座椅设计搭配，采用流畅的线条、精细的布局，令空间易打理，又展现实用性与美观性的结合。

RGB=217，205，193
RGB=64，120，70　RGB=79，55，50

该客厅设计属于简约欧式风格。空间中没有使用过多复杂花样的家具，充分展现出雅致优美的空间环境。

白灰相间的条纹沙发，较为突出的绿色欧式座椅，为空间增添生机感。搭配黑色的水晶吊灯、墙上的壁画以及角落里的钢琴，无一不表现出主人的个人生活品位。

第 6 章

设计师谈室内
色彩感知

本章讲述了在室内设计中，色彩设计和应用这一举足轻重的环节，用于指导设计师理解色彩原理并将其应用在设计项目中。

不同于其他设计风格，室内设计的视觉印象是通过软装饰的颜色、摆放的位置，在视觉上让人产生生理、心理和类似物理的效应，形成丰富的联想、深刻的寓意和象征。

对于室内装修来说，不同色彩的搭配设计，可以产生温馨、华丽、可爱、复古、自然、时尚等空间视觉效果。

6.1 温馨、舒适的空间色彩搭配技巧

在为自己的家进行装修设计时，简洁明快的色彩，更温馨舒适。所以在设计时尽量避免繁重的色彩和累赘感。也可以添加粉色系的色调，实现少女般的情结；或是黄色系的色调，使之充满温馨与生机之感。此时再用精致的饰品进行点缀，就可以让室内处处弥漫着简约的温馨舒适之感。

整体空间设计属于北欧风格，区域的划分非常合理，实用性与舒适性很强。

电视墙和餐厅墙面材质上的区别，丰富整个空间的层次。

必要的隔墙，拉通空间的连续性，提升空间的利用率。

灰色、粉色和原木色配搭在一起，有一种优雅的感觉，而又不失少女心，原木色、粉色系的家居将温馨、甜美和青春感融入生活和梦里。

该卧室设计属于简约的现代风格。空间中个性鲜明的黄色系色调，让人眼前一亮，极具视觉冲击感。

简明的布置和流畅的线条，干净利落，给人很爽朗又个性的视觉享受。

床的背景墙以黄、白、黑三色划分整个区域，再搭配以浅色木饰，给予人温馨舒适之感。

该客厅设计在北欧风格的元素中加入自然元素，使整个空间有更多层次和对比。

在自然、流畅的空间中搭配以粉色为主的清新梦幻的色彩，营造了一方温馨而甜蜜的小天地。

粉色，浪漫甜美，充溢着浓浓的暖意，从纯真的浅粉到娇魅的深粉，款款诱人。高级灰低调内敛，优雅迷人。

两种色彩在温柔明丽的空间里不期而遇，一个生动娇俏，一个雅致宁静，正如交响乐高低音的完美融合，使整个空间层次更加丰富而错落有致。

6.2 暖色系空间装饰，突显对生活的热爱

在室内装修时，选择暖色系的色彩搭配，可以通过暖色单品让家找回快乐和温暖。暖色系主宰着一个家光明的魂灵，暖色事物色彩明亮，容易刺激想象力。例如，红、橙、黄色等暖色，代表了热情、温暖，会让人心情愉快；红或橙或黄如果搭配白色，醒目之余给人温暖感受，充满活力。

该厨房设计属于简约的现代风格。整体空间采用封闭式格局设计而成，展现出一个温馨的小空间来。

空间大面积地使用月光黄色为主色，搭配些许的白色作点缀，营造出明亮整洁的空间环境。

一字形橱柜的设计，结构简单，充分利用了空间，业主可以按照自己的习惯安排厨具的摆放位置。

该卧室设计属于简约的现代风格。整体空间采用大面积的橙色作主色，搭配白色、褐色作点缀，展现出温馨甜蜜的空间环境。

暖色调的应用，使人心里舒畅，能安抚人的情绪，有助于睡眠。

墙面的沙棕色与床盖地毯颜色相一致，分化出空间，带来一种甜蜜乐观的情感，突出了主体，扩大了空间。

该卧室设计属于雅致的美式风格。整体空间采用大面积的红色调来装点室内氛围，营造出一种温暖热情的室内环境。

橘红色墙面与剪影壁纸颜色过于接近，容易产生视觉疲劳，所以用白色窗帘作为遮挡，则变得充满浪漫时尚气息。

单面墙的出彩，提升了居住者对室内装修的独特品位，床品的颜色也与之相适应，不会让效果显得过于突兀。

6.3　浓郁、华丽的金色调空间，打造奢华美家

　　浓郁风格的设计注重色彩的鲜明浓郁、表现手法明确、直击主题。而华丽风格通常大量采用白、乳白与各类金黄、银白有机结合，形成特有的豪华、富丽风格。所以想要打造一个浓郁且奢华的美家时，选择的家具要与硬装修上的整体风格细节相呼应。可以选择较有特色的吊灯，金色或黄色，也可以选择线条烦琐款比较厚重的画框来装饰；配色应采用大量的白色、淡色为主。

　　该客厅设计属于奢华的欧式风格。整个空间以金色为主色，搭配些许的白色、蓝色作点缀，充分营造出一个金碧辉煌的客厅环境。

　　圆形花纹吊顶，墙面上雕刻精美的花纹，墙壁上的罗马柱起到了分隔的作用，整体搭配构造出雍容华贵的空间形象。

　　该卫浴间设计属于华丽的法式风格。整体空间以金色为主色进行搭配，给人以富丽堂皇、雍容华贵的感觉。

　　虽然这个卫生间本身并不大，但是华丽的洗漱台、镜子、小饰品、灯具，再加上淡黄色的瓷砖，整个卫生间自然而然就流露出一种法国宫殿般的华贵。

　　整体空间属于雅致的欧式风格。整体空间中的家具采用简洁的线条，镀金勾边，呈现出高贵典雅的"气质"。

　　细节上精雕细琢，使空间极具内涵与沉稳。金色华丽的镀金边，泛着淡黄色灯光的灯饰等，将欧式的华贵气质展现得淋漓尽致。

6.4 灰色大气的装饰法则，打造时尚的品质之家

灰色调空间使用的色彩经过调和纯度通常偏低，给人的感觉和谐而不孤独，因为色彩运用关键在于搭配中没有一个色是独立存在的。它柔和、平静、稳重、和谐、统一、不强烈、不刺眼、没有冲突、色彩内含的元素是复杂而单纯的。所以采用灰色调进行的空间设计，能够轻松地打造出时尚且具有品质的美家。

该卧室设计属于简约的现代风格。整体空间采用大面积的灰色系色调为主色，加以白色和黑色进行点缀，整体搭配沉稳而不沉重，大量浅灰色的运用，使得卧室更加整洁通透。

空间洁净的环境，加以猫咪图案与深蓝色的抱枕做调和，让空间因此也格外耐看。

九宫格的软包、壁画与吊灯，让人有种视觉冲击感却不锐利。整体空间搭配给人一种和谐的美感。

该卧室设计属于简约的现代风格。整体空间采用炭灰色与白色进行搭配，二者之间产生对比效果的美感。在中和色彩鲜明的同时，给人以纯净之美。

空间中的实木与编织的座椅冲淡了炭黑色的生硬。圆点图案的抱枕与床头背景墙上的三幅装饰画之间相呼应，同样为空间增添了些许的灵活感。

空间巧妙的设计带着现代生活的精致，让平凡生活变得时尚起来。

该客厅设计属于简约的现代风格。整体空间采用灰色为主色，搭配少许的蓝色与棕色作点缀，营造出一个时尚的空间环境。

矮小的壁炉墙成为客厅与厨房的划分，极具创意的隔断设计，使空间感觉更宽阔。

外加蓝色的抱枕、椅子，米、白色图案的地毯，以及背景墙上的装饰画，恰到好处的点缀，给空间营造出一丝温馨气息。

6.5 喜庆红色空间搭配技巧，为家添朝气

热情、温暖和爱是红色带给人的视觉效果，而且一些现代房主喜欢把这抹不屈的红注入厨房和卧室，甚至客厅。但不管什么主题，在你的生活空间，红色可以以一个不费力的方式，有效地达到优雅和强有力的朝气视觉。

该卧室设计属于古典的美式风格。整体空间采用红色系的色调为主色，点缀些许的原木色和白色做调和，从而打造出一个温暖、喜庆的空间环境。

床上洋红色的布艺与胭脂红色的墙体相呼应，为卧室空间带来温馨的情感。

窗框、床体、柜子采用原木色材料，将木材天然的木纹展现，更加突出主人对生活的热情。

该空间为小型复古美式风格的私人电影院。空间中选用鲜红色的沙发，以及棕色的家具作装饰，展现出充满活力与热情的空间氛围。

鲜红色的沙发还具有功能性。夜晚人眼对红色辨识度降低，当播放电影时，影厅内的灯光全部关闭，这样看不见身边这些红色的椅子，可以使人的精力快速投入观影中，不受到干扰。

该厨房设计属于简约的现代风格。厨房采用开放式设计，与餐厅相连接。通过灰色吊顶来区分活动空间。而整体空间采用大面积的酒红色为主色，走进厨房使人的视线被酒红的橱柜吸引，充分营造出热情与朝气的视觉感。

酒红的整体柜面与厨房用具完美结合，展现出高质量的生活态度。

餐厅的窗帘颜色也与厨房的橱柜相呼应，而且餐厅设计也与整个厨房格调一致，具有和谐统一的美感。

6.6 慢享柔和生活，舒适的老人居室色彩搭配

老人多有一种很浓的怀旧思想和追求凝重稳定的意识，他们最大的特点就是回忆过去，因此在为老人设计空间装饰时，布局要突出怀旧，而色彩搭配时要体现出沉稳柔和的格调。

该客厅设计属于简约的现代风格。整体空间采用浅色基调进行搭配，尽显整洁净透的空间环境。

老人生活的室内家具造型不宜复杂，也不宜多，以简洁实用为主，选择稳定固定式的家具最佳。

空间中放置一个大面积 L 形的米色沙发，让宽阔的空间变得充实，而且该 L 形沙发没有棱角，有效地避免了老人磕碰带来的伤害。

墙上的画框简洁摆放，给人清新无瑕、明亮清澈之感。

该书房设计属于简约的现代风格。整体空间内的家具装饰比较简洁，采用褐色与米色进行搭配，给人一种沉稳舒适的感觉，很适合老人居住。

书柜与书桌的摆放满足了老人平日里书写文字、画画的需求，书写累了的时候还可以在窗户下简洁的沙发上休息，从而展现出舒适惬意的老年生活。

该客厅设计属于新潮的中式风格。整体空间设计采用开放式的格局，加上中式风格的家具进行搭配，令空间更为沉稳舒适，比较适合老人居住。

褐色、红色、米色、白色是该中式风格的客厅设计的主色调，外加高挑的空间设计使得环境看起来更加明亮。

地毯的中式花纹、极具特色的雕塑摆件和背景墙上的装饰画，加深了室内空间的历史文化特色。

6.7　象征希望的色彩搭配，以清雅的姿态展现生活

　　绿色、青色、黄色是常用来代表希望的色彩，它们具有简洁、明确的特点。而清雅的空间环境通常采用温馨、简单的颜色及朴素的家具，强调比例与色彩的和谐。所以想要设计出一个清雅的空间设计，其风格要随意、自然，采用不造作的装修及摆设方式，为空间营造出希望、清雅的氛围。

　　该厨房设计属于自然的美式乡村风格。整体空间采用大面积的草绿色为主色，搭配米色等浅色调进行点缀，营造出清雅自然的空间氛围。

　　采用自然清新的草绿色橱柜作装饰，体现出厨房的绿色化和新鲜感，是一个极好的厨房场景。

　　在操作台上摆放着一些厨房用品，生活气息十足，而且在白色吊灯的照耀下加上透过窗户照射进来的自然光，会让人感到心旷神怡。

　　该厨房设计属于清新的田园风格。整体空间采用淡青色与棕色进行色彩搭配，营造出轻快淡雅的空间环境。

　　采用实木地板、桌椅与窗框作装饰，创造出自然简朴感觉。而淡青色橱柜与大理石表面相结合的操作台，又为空间增添了清新雅致的氛围。

　　整个厨房空间在中间采用矮操作台分隔了客厅与餐厅，使得空间相对独立又相互连接，整个空间也显得宽敞明亮。

　　该空间设计属于简约的日式风格。整体空间设计采用开放式的格局，将客厅与餐厅设计在同一个空间中，从而打造出宽敞明亮的空间环境。

　　空间中采用灰色、棕色和白色为主色调进行搭配，加以淡青色、黄色、绿色进行点缀装饰，使得整体空间呈现仿佛与大自然融为一体的自然轻松的家居氛围。

　　摆放的绿植与原木质感的家具，为室内带来无限生机。灰色沙发上的两个彩色抱枕与背景墙上的九格照片相呼应，为空间增添了清新淡雅的气息。

6.8　女生的最爱，甜美风格新色调

通常甜美风格的室内设计都是以女生卧室设计为主，通过温暖的色调、温馨的布局以及优雅的卧室家具搭配，为女孩们营造出一个甜美舒适的私人空间，增添生活的乐趣，让每天都是好心情，也正好满足女生们小小的浪漫情怀。

该女生卧室整体空间采用粉、白色为主色进行搭配，清新粉嫩的色彩让女生卧室大放异彩。

优雅的居室家具以及温馨的软式搭配让整个空间倍显明亮，甜美的色彩将女生卧室布置得浪漫而温馨，这也正符合小女生们可爱活泼的一面。

淡雅的粉色背景墙色彩让居室氛围更自然舒适。米白色的床头柜纯美而优雅，大方的款式设计与整个风格相统一，而床上的各种小饰品为整个女生卧室增添了童趣。

该卧室空间中采用的每一款色彩都是小女生们的最爱，纯净的白色、甜蜜的粉色、梦幻的青色，三色的柔美组合成就了这款温馨甜美的女生卧室。

浅粉色的墙面，粉色条纹地毯，让整个空间有了淡雅氛围，橙红色与白色相间的布艺帐幔为空间增添更多活力，而青色的床品则中和了大量的暖色元素，带来些许清凉感。

卧室中的每一个家居装饰，都是精美生活的良好呈现。有一种优雅的感觉，而又不失少女心，从而将甜美和青春感融入生活和梦里。

该女孩房设计属于雅致的现代风格。整体空间采用粉色系和黄色系为主色调进行搭配，加以少许的灰色、米色进行点缀，营造出温馨甜美的空间环境。

墙面的粉色涂漆稍稍偏紫，不会显得过于俗套。几件家具的颜色各有不同，让空间有了更为丰富的色彩，灰色、粉色、红色的布艺装饰搭配出了层次感，从而突显出整体空间的甜美浪漫的氛围。

6.9 初秋素色搭配，淡雅风正流行

"素色"之所以归为"素"，是因为在它身上没有五光十色的视觉冲击，没有过多的花型装饰。素色，以一种最真我、最淡雅的形式本色出演。人们常说，平淡是幸福之本，"素"是美之根源。素色，超凡脱俗，气质天然，优雅大气，深入骨髓，宛如仙子般惊鸿一瞥，令人无法忘却。因此是现在室内设计中较为流行的风格。

该空间设计属于简约的日式风格。整体空间采用大量的原木元素作为主要的基调，融入素色，构造了一个充满大自然清香的淡雅空间。

整体空间设计采用开放式的格局，使得客厅、餐厅、玄关空间合为一体，展现出宽敞明亮的空间环境。

鞋柜、换鞋凳、储物架皆为一体，排列设计恰到好处，让人感受到家的温馨。实木的餐桌、椅子搭配浅蓝色的桌布，简约大方。独特的竹笼吊灯与墙上的一字隔板自然地融入整个用餐区的背景中。

餐桌上的插花、随意散落的松果与隔板上的艺术品相互呼应，相得益彰，给用餐区增添了一笔优雅禅意的美感。

该空间设计属于简约的日式风格。整体空间采用开放式格局设计而成，将衣帽间与书房组合在一个空间内。空间采用原木元素加以灰色淡雅的色调进行搭配，营造出一个简约舒适的闲暇时光。

闲置的墙角位置活用为工作区，内嵌式的设计节省空间，木质床架和书桌简单又实用，紧扣整个简约日式风格。

靠窗与最里侧的则是衣柜，立一面全身镜，显得既有书房的端庄，又有衣帽间的实用优雅。

该卧室设计属于简约的日式风格。空间整体布置简约之至，木质床架和家具尽显清新自然质感。

整体空间以原木元素加以浅灰色进行色彩搭配，简单清新的素色空间，明朗淡雅，给人一种清爽舒适之感。

浅灰的墙面、窗帘、暖灰的床单，打造出舒适的睡眠空间。隔空的床头柜设计，美观实用。摆上一盏白色台灯、相框，简单之中，细微之处，皆是独到之处。

6.10　一抹亮丽的色彩，增添空间生机感

在一个素雅的空间中，只要有那么一抹亮色，它就能成为整个空间的中心。一个"有色"家具或摆件装饰，瞬间能将你从沉闷的空间中解救出来。在素雅的空间，一个鲜艳的色彩更能发挥它的优势，它不仅能在视觉上提高明亮度，也能从心理上安抚人的情绪。

该办公室设计属于简约的现代风格。整体空间设计采用开放式的格局，既利于工作人员相互无障碍地沟通交流，又给人明朗开阔的视觉感。

素净的白色，简雅而高品质的家具，让办公室显现出一种干净利落之美。圆形的黑白色地毯与变异的方形天花相对应，扭转了古人"天圆地方"的思想，彰显出一种创新与时尚的魅力。

鲜黄色的落地灯为整个净白空间注入了一抹亮色，增添了几分艳丽与雅趣，让刚与柔、力与美在此处尽情释放。

该卧室设计属于雅致的美式风格。整体空间采用大面积的米色为主色，加以棕色、橙色、褐色和金色进行点缀，充分营造出一个温馨舒适的卧室环境。

米色系的落地窗帘，使得透露过来的阳光不那么刺眼，反而给人带来了一种温暖。亮眼的橘色单人躺椅的摆放，为空间增添了一抹亮丽，同时给空间添加了温馨的感觉。

床边只摆放着一个褐色的桌子和矮椅，简约又节省空间面积，金色的落地灯与墙上的金色太阳形状的钟表相呼应，为空间增添了一丝华丽气息。

该空间设计属于简约的现代风格。整体空间设计采用开放式的格局，从而展现出一个宽敞明亮的空间环境。

该空间以自然元素贯穿始终，将休闲区形象地表现为一个花园，把树的形态抽象为遮阳伞的造型。

中间的绿色沙发好像一枝新生的树桠，从土地中茁壮生长，给人一种清新亮丽的视觉感。同时为空间增添了生机感。

6.11 经典不过时的黑白灰，打造潮流风空间

　　黑白灰是室内设计中最为重要的色彩之一，它们素雅而简洁，现代感十足，是家居设计中永恒的色调。而以黑白灰为主色调的极简主义，就是化繁为简，将最核心的、最朴质的内容呈现出来。没有过于花哨，更没有大面积跳跃的色彩，单纯宁静的色彩让空间独享一份安详。

　　该客厅设计属于简约的现代风格。整体空间的装修设计简洁明快，体现休闲的生活气息。

　　白色的客厅给人精神情绪上起到一个很好的安抚作用。而白色隔空天花板与黑色原木的隔板搭配起到稳定空间的作用。

　　对称式沙发的布置，突出层次感，很适于家风严谨的家庭。镜面茶几不仅能满足客厅的需求，更能让客人坐在这里具有赏心悦目的感觉。

　　该空间设计属于简约的现代风格。整体空间设计为开放式的格局，以黑白灰为主色进行空间的色彩搭配，充分展现出宽敞明亮的空间环境。

　　以大面窗占据着客、餐厅的领域空间，将美景和采光引入室内，展现大气之美。

　　灰色地毯大片铺陈连接客厅与餐厅，彰显整个客、餐厅的磅礴气势。

　　该客厅设计属于简约的现代风格。整体空间在设计上强调结构与形式的完整，运用最少的设计语言，表达最深的内涵。

　　采用简洁的色彩、造型进行搭配，丰富动人的空间效果，给人一种简单明快的自然感觉。

　　纯白色的沙发显得非常纯朴，外加与大小不一的球形吊灯的搭配，使空间更加立体化。灯具器皿均以简洁的造型、纯洁的质地为特征，强调形式更多的服务功能，给自己一个放松身心的空间。

6.12 就是爱夸张，巧用亮眼元素打造个性夏日居室

夏天，本来就属于热烈与喜悦，这个夏季，看似离经叛道的嬉皮精神已经延伸到热情的家居，洒脱的搭配、不羁的线条与吊饰、夸张的设计，一同向我们招手，让我们赶快告别低调黯淡，尽情张扬家的个性。

该客厅设计属于极具特色的前卫风格。整体空间采用白色、褐色、原木色为主色，搭配绿色和紫色以及金色进行点缀，充分展现出时尚又前卫的空间环境。

造型奇特的沙发、茶几、座椅与墙面上具有凹陷设计的竖条纹装饰柜，整体家居搭配具有和谐统一的美感。

紫色和绿色的抱枕与坐垫设计，为空间增添了些许的生机感。而大面积的落地窗设计，将美景和采光引入室内，展现明亮大气之美。

该空间设计属于简约的现代风格。空间布局形式开放自由、颜色明亮、大气却又简单。从而营造出一种极休闲的生活方式。

极具特色的褐色树干作摆件，将自然素材巧妙地融入装饰细节之中，极具艺术气息。

不规则的拱形天花板设计、不修边幅的墙壁线条，将纯白的色彩以简洁的方式来调节转换精神空间。

充满设计感的座椅，搭配米色的装饰摆件，会使室内冷酷而严肃的气氛得到缓和。

该客厅设计属于简约的现代风格。整体空间采用粉色、黑色、白色和灰色进行色彩搭配，凸显柔美有余，却也大气的空间环境。

黑白棋盘格的地板、黑白拼接的桌子，尖锐的黑白对比，让室内最开始就奠定了不平凡的基调。而白色的三面体抱枕与粉色长方体沙发，为空间增添了些许立体感。

黑白灰三色是常见搭配色，浅调的灰色壁纸贴满了四面墙壁。粉红色的窗帘与沙发的出现，具有神来之笔的效果，极具特点。

粉色与灰色搭配会偏于女性多一点，而地面的棋盘格地板又起到中和作用，房间因此更为耐看。

6.13　充满活力的黄色调，点亮秋季家居生活

秋季的色彩是浓郁艳丽的，到了秋天，金黄、明黄延续着流行热度，成为今年秋季的主角。其实为家换装并不难，例如，将客厅里主题沙发的素色套换成黄色调的沙发套，整个房间立刻会有一种阳光般温暖的感觉；或者将搭配沙发的靠垫等饰品的颜色改变一下，并在客厅中备上一块暖洋洋的地毯，利用色彩元素，就能让空间拥有暖色调的氛围。

该儿童房设计属于简约的现代风格。整体空间采用简约的家居搭配而成，充分展现出简洁而舒缓的空间环境。

卧室床、百叶窗、地毯，大面积使用灰菊色，犹如一束午后的阳光照射进来，让人暖意洋洋。

美轮美奂的空间设计，素净雅致，很适合孩子居住。

该餐厅设计属于简约的现代风格。整体空间设计采用开放式的格局，充分展现出宽敞明亮的空间环境。

铬黄色的餐桌为平淡的餐厅增添了太阳般的光辉，而且该颜色可以增强食欲。搭配白色的椅子，为整体空间营造了些许的简洁感。

简约的家具搭配，让空间简约而不简单。餐桌上方摆放着一个装饰画，为空间增添了些许的艺术气息。

该客厅设计属于欧式的乡村风格。整体空间设计采用开放式的格局，充分展现出宽敞明亮的空间环境。

白色的落地窗设计，拉长空间立体感，将美景和采光引入室内，充分营造了明亮温暖的空间氛围。

将墙壁粉刷成淡黄色，勾勒出了室内淡雅的姿态。花纹图案的抱枕与黄色的抱枕相互调和，为空间增添了清新的气息。

6.14　复古色调扮家新趣味，穿越时光之旅

潮流的更迭总是在周而复始地轮回，而时尚的风格难免让人审美疲劳，回过头开始迷恋复古的老物件。复古的装饰、怀旧的图案，总能让人在一瞬间内心变得柔软。例如，经典造型的灯饰、老电话等又重获人们的喜爱，成为家居装饰中的另一种潮流，也成为新一代年轻人一种个性的生活态度。

该客厅设计属于怀旧的美式风格。整体空间采用古老的家具，特殊代表性的装饰挂件，形成统一的融合。

整体空间采用大面积的褐色调与白色为主色进行搭配，充分展现出一个温馨庄重的空间环境。

做旧的壁炉设计纹理清晰，白色的吊顶采用帆拱型设计而成，古色古香的座椅，高贵亦舒适。

赭石色古老花纹的地毯富有温馨神秘感。大面积玻璃门，使空间采光充足而温馨。

该书房设计属于典雅的欧式风格。整个空间中引入了大量复古造型家具与配饰，并稍稍做旧处理，赋予每件家具久经时光的独特个性。

古典实木的褐色圆弧形书桌搭配 L 形褐色实木书柜，让室内多了几分时光沉淀的沉稳大气与高雅。

豹纹斑点的座椅，再加以传统虎皮地毯的点缀，怀旧色彩浓郁，无不彰显出主人难以忽视的贵气。

该客厅设计属于复古的工业风格。整体空间采用天然木、石材质，创造自然、简朴的高雅氛围。

大块的板石色和褐色的运用营造一种悠闲舒适的空间。其中加以红色的沙发作点缀，为空间增添了些许的热情之感。

采用棕褐色有肌理的木板，使阳光与灯光照射不反光。木质工艺的窗户，造型简单不繁冗。壁炉是烘托空间温馨的最重要元素。

6.15　男生的最爱，炫酷的空间色彩搭配

男孩房的装修设计离不开其色彩的搭配与创意元素的加入，通过跳跃感强烈的色彩来展现出男孩房的个性与酷劲，例如，炫酷的漫画，可以为整个房间带来十足的酷劲与个性，动感的滑板少年是男孩子们的偶像。而且男孩房里要尽可能地展现出阳刚与运动的一面，在设计男孩房时要擅于运用运动的元素，从而展现出男孩的炫酷个性。

该男孩房设计属于英伦风格。整体空间以航海为主题设计而成。

整体空间采用深蓝色、红色和米色为主色进行设计，充分展现出纯净沉稳，且极具炫酷的空间氛围。

独特的帆船主题墙纸、红蓝色调的床品、椭圆形麻绳吊灯以及床尾"米"字形旧皮箱，带来复古感的同时，更是增加了男孩炫酷的英伦风情。

该男孩房设计属于简约的现代风格。整体空间采用简约的家居搭配，使得整个卧室都传递出活力时尚的动感气息。

背景墙上装饰着四个篮筐与篮球，既装点了房间，又能做游戏。

橙色的双条横纹的背景墙、蓝白色条纹的床品使得卧室格局不再单调乏味，更是迎合了室内运动风的心理。

对于喜爱足球的小男孩来说，蓝色的儿童房将是他的最爱。

床上的红色足球鞋是家长给孩子的惊喜，精心的男孩房布置与设计体现出了父母对儿子浓浓的爱意。

背景墙上装饰着有关足球的照片，既装点了房间，又丰富了空间环境。

深蓝色、红色图案的床品和蓝、红和米色条纹的窗帘等软装饰，充分展现出炫酷且个性十足的男孩房氛围。

6.16　贴近自然生活的色调，搭配出清新的空间设计

　　贴近自然生活的居室设计就是将一种淡雅清新的气质融入了室内，不张扬不做作，给人带来了心灵上的放松，从而营造一个舒适惬意的空间氛围。整体设计要简洁明快，将美观性与实用性相结合，在家具的设计上多采用传统自然的原木色调，将最本真的生命气息展现在室内，从而打造出一个极具自然魅力的居室。

　　该空间设计属于简约的日式风格。整体空间设计采用开放式的格局，将客厅与餐厅设计在同一个空间中，从而打造出宽敞明亮的室内空间。

　　空间中采用棕色、白色和灰色为主色调进行搭配，加以淡青色、黄色、绿色进行点缀装饰，使得整体空间仿佛与大自然融为一体，营造出自然轻松的家居氛围。

　　借用摆放的绿植与原木质感的家具，以及大面积的落地窗设计，将外在的风景引入室内，从而为室内带来无限生机。

　　该客厅设计属于简约的现代风格。整体空间采用绿色为主色，搭配白色和蓝色作点缀，充分体现了主人追求一种安逸、舒适的生活氛围。

　　绿色系的沙发、抱枕及窗帘，与白色的沙发、抱枕及墙面相搭配，贴近自然生活的色彩搭配，展现出清新自然的空间气息。

　　明亮蓝色的电视墙成为整个房间的一大亮点。简洁白色电视柜与独特造型的电视背景墙搭配，营造出明快光鲜的空间环境。

　　房间多处植物的放置，使之充满了生机。显示了客厅中包含的细腻情感。

　　该客厅设计属于简约的现代风格。空间采用白色与绿色进行色彩搭配，充分展现出自然与清新的空间环境。

　　铬绿色的沙发坐落在窗前，好像尊贵的公主，耀眼、优雅。室内白色的填充，纯洁得犹如皑皑白雪让人怜惜不容踩踏。

　　壁画与吊灯的协调，没有削弱时尚气息，反之添补了一些神秘的韵味。

6.17　舒适又文艺的书房，让阅读成为一种享受

在都市生活日渐繁忙的今天，你有多久没有坐下来好好阅读一本好书了？不要让繁重的生活把我们拖出了那个想象力无限的世界，好好地装饰一下我们的书房，捧起一本好书，重新进入那个充满知识的世界。

该书房整体空间采用精简的线条设计，创造出大方舒适的空间环境。

采用黑色、白色和灰色作为主色进行搭配，经典的色调，将书房显得十分大气，让沉稳的气场突现出来。

黑色的列柜墙，将书房实用功能多样化。合理划分将书房的多种作用显示出来，既能摆放计算机又能静静地坐下来阅读。白色绒毛地毯柔软舒适，给书房增添一份雅致。

该书房设计属于美式田园风格。整体空间采用白色与绿色为主色进行搭配，充分营造出清新舒适的空间环境。

采用绿色系的桌椅以及在墙角处摆放一盆绿植，都可以让人们在书房工作或者闲暇阅读时，有个良好的放松氛围。

白色的陈列柜上摆放着不同的装饰摆件，加上橄榄绿色墙壁上的两幅装饰画，同样为空间增添一丝艺术气息。

该书房设计属于简约的现代风格。整体空间采用玻璃隔断的方式来扩大整体房间的空间感。

小小的书房采用实木延伸整个房间，再与通透的玻璃窗结合，透露出自然气息。整体空间浅色与玻璃材质的配合，使整个空间得到很好的衬托。

书房透过窗户与窗外的绿色化相融合，呈现出舒心惬意的空间氛围。采用滑轮样式的椅子，打破以往椅子的生硬，让居室主人有一个舒适的工作区域。

6.18 立面空间的艺术装饰，解决白墙的单调问题

对于现代人日益提升的生活品位和需求来说，一面苍白的墙壁早已不能满足人们对家的设想和要求。浪漫的色彩、奇趣的装饰听起来虽然美，墙上的搭配却不简单，怎样搭配才能扮靓家中的空白墙面呢？可以通过立面空间的艺术装饰来解决白墙的单调问题。

该空间设计属于文艺的混搭风格。将楼梯与墙壁相结合，为空间增添了几分时尚和独特个性。

在墙壁边缘设计出一个类似于旋转的楼梯作装饰，可以在台阶上休息、看书等来度过悠闲舒适的时光。

在每节楼梯上设计小隔板，可以摆放摆件和书籍，而在其正面设计一个镂空挂壁，可以悬挂书包等物件，简单又实用。

简洁的书桌、复古的椅子，做旧又不失时尚。此时一个简易的书房就形成了。

该玄关设计属于简约的现代风格。整体空间没有采用过多的装饰，线条清晰明了，配色低调素雅就如同房间主人性格般简单干练。

采用黑白灰色进行色彩搭配，比起跳脱的色调，黑白灰的搭配安全又稳重，也能够有效地提升空间的深度，变得大气不拘。

玄关墙壁采用嵌入式装饰设计而成，挖空部分墙体，做一个展示区的装饰，分散摆放，让整面墙变得丰富起来。不仅可以加强收纳，而且展示的工艺品也能突显主人的品位。

该客厅设计属于简约的现代风格。在简约的空间中添加一些装饰，营造了气氛，起到锦上添花的作用。

整体空间采用黑白灰为主色，搭配橙色、棕色和绿色作点缀，突显出空间清澈透明、干净整洁的氛围。

在墙壁上装饰着大小不一、色彩不同的圆形纱布装饰，起到美化空间的同时，还能提升空间感。

干枯枝的盆景修饰，彰显出个人独特的生活品位。而大面积落地窗的运用，也为空间增添了明亮感。

6.19　风雅意境的色调搭配，营造舒适放松的环境

风雅意境的色调搭配具有清新、自然的感觉，一直深受人们的喜爱。例如，中式的花瓶、茶具和挂画巧妙地搭配起来，就能让居室雅致非凡，让心灵返璞归真，从而营造出舒适放松的空间环境。

该客厅设计属于雅致的中式风格。整体空间由开放式格局设计而成，运用屏风形式做装饰墙，将空间合理地分隔开来。

墙面的背景画以及天花板的装饰应用统一的梅花图案，使整个空间更具统一性，塑造出别致雅观的景象。

极具中式特点的家具运用对称式摆放，既能够使空间中心一致，也避免了视觉上的不平衡感。

该客厅设计属于简约的现代风格。整体空间大量运用木质材料，大到地板、电视背景墙，小到座椅、吊灯，使得整个空间充满舒适自然的氛围。

整体空间采用棕色、灰色为主色，搭配些许的绿色、米色作点缀，营造出一个风雅意境的空间环境。

棉麻材质的地垫、草编的收纳筐，都突出清新自然的气息。而绿色图案的抱枕、绿植，与窗外的风景相呼应，为空间增添了生机感。

该客厅设计属于简约的现代风格。整体空间以深色系的灰色和咖啡色为主调来进行装修设计，给人一种优雅而沉稳的感觉。

在装修设计中，为了让室内的氛围不至于过于沉闷，在装饰上添加一些清新亮丽的时尚色彩，让整个空间的氛围变得更加自然而清新，显得十分好看。

客厅内有着灰色的沙发和深色系的地毯，背景墙和靠枕的绿色元素让客厅空间不会因为深色系色彩的选用而过于沉闷。白色的内嵌式吊灯以及上方简单的灯具，柔和的灯光照射下为客厅营造出温和舒适的氛围。

6.20　当优雅的色调遇上简约的设计，展现品质生活

优雅的色调，会产生浪漫的空间环境，而简约的设计，就是在实用的基础上简化装饰设计，二者碰撞在一起，则会使整个空间的高级品位瞬间提升，充分彰显主人的不凡格调。例如，在空间中添加优雅的紫色调，会将紫色的优雅、静谧应用于家居空间中，既能玩出时尚简约的潮范儿，又能呈现随性慵懒的感觉。

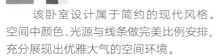

该卧室设计属于简约的现代风格。空间中颜色、光源与线条做完美比例安排，充分展现出优雅大气的空间环境。

旷紫色花纹壁纸，打破以往空间暗淡。加上同色调的花纹窗帘、抱枕，以及深紫色与白色相间的床品，既提升了空间的层次感，可以美化室内环境。

两侧嵌入的床柜，掌握空间平衡，整齐美观。简约的设计加上优雅的紫色调，充分展现出时尚的品质生活。

该客厅设计属于简约的现代风格。整体空间设计采用米色、紫色为主色，点缀橙色与黑色，充分展现出优雅惬意的生活氛围。

紫色的沙发搭配两个橙色抱枕，与黑色的壁炉相对应。更加突出存在感，简单的装修体现主人低调的生活态度。

斜条纹的地毯与斜条纹的墙壁设计相呼应，不仅起到点缀作用，还进一步丰富空间，为空间增添了层次感。

该餐厅设计属于雅致的美式风格。整体空间围绕白色、黑色和紫色进行色彩搭配，充分展现出优雅惬意的空间氛围。

紫色软布艺的椅子，是空间中较为亮眼的存在，围绕着白色圆桌，给人一种家庭温馨的氛围。

花朵造型的吊灯，与墙边的花艺相呼应，让闲暇的生活充满轻松与惬意。白色纹路的地毯与白色透光的窗帘相呼应，为空间增添了些许浪漫气息。

6.21 冷色调的空间搭配，打造属于你的时尚之家

炎炎夏日，很多人希望给自己营造一个清凉的家居环境。干净透气的白，冷淡清新的蓝，自然清爽的绿，大气中性的棕，在骄阳似火的夏天，适当地运用冷色调以及画龙点睛的配饰就能装扮出一个凉爽怡人的家。而且冷色调的空间更能衬托出家居的美感，即使简约的室内设计，也能让空间环境的高贵感油然而生。

该卧室设计属于简约的现代风格。卧室采用冷色调的铁青色为主色，点缀些许的白色进行搭配，中和了冷色调带给人的沉重感。

精湛小巧的壁灯，摇曳着翅膀，犹如两只跳跃的精灵，为空间增添了活力感。

白布半掩精致的床单与颇具艺术感的床边椅，使格调不仅限于铁青色的高贵，陡增神秘感。

该卧室设计属于简约的现代风格。整体空间采用普鲁士蓝色来操纵着不规则墙体，会使室内纯净沉稳，具有准确理智的意象。

空间中点缀些许的白色、灰色与金色，为沉稳的空间环境增添一丝生机。

坐落一角的蓝黑色沙发，没有奢华的外表，却在简约低调的气质中渗透不同的品位。

圆柱形的金色小座椅为深沉的房间添一抹亮色。

该客厅设计属于雅致的新中式风格。整体空间采用冷色调的深蓝色与褐色为主色，加以暖色调的金黄色与白色进行点缀，使得整体空间在浓烈的色彩中相互交织，从而谱写了高贵严肃的气质。

对称的壁灯和桌椅，透露出严谨的美，而壁画和窗帘在两旁有序地展开，体现出整体风格的规律之美。

硕大的金黄色水晶吊灯分外耀眼，使室内呈现华贵气息。

6.22 甜蜜色调家装物语，爱上浪漫生活

想要和爱人一起度过温馨而甜蜜的时光，除了买上一束鲜花、饰品外，还可以把家好好装扮一番，和爱人在精心装扮的家中度过每一天，从而享受居家的浪漫。

该餐厅设计属于罗曼蒂克风格，整体空间采用浪漫的色调进行搭配，具有轻盈、细腻的特点。

浪漫优品紫作为天花来点缀空间，艺术风味十足，营造快乐的空间。

数盏粉紫色吊灯犹如繁星般耀眼，成为餐厅最大亮点。

餐厅中摆放着的粉色和白色的用餐桌，以及黑色的座椅，为浪漫的空间氛围增添一丝甜蜜气息。

该空间设计属于简约的现代风格。整体空间采用开放式的格局设计而成，将餐厅、客厅与阳台整合在统一的空间内，从而形成一个宽敞明亮的空间环境。

甜蜜又雅致的浅色调为主色进行搭配，会给人一种浪漫、甜蜜的空间氛围。

极具创意的画框电视墙、曲线延伸的落地灯具以及阳台上摆放着的明黄色躺椅，在风情暖阳的午后，充分地营造了甜蜜、温馨的空间环境。

餐桌上的一束花艺，又带给空间些许清新活力。

该空间设计属于简约的现代风格。整体空间采用开放式的格局设计而成，充分展现出宽敞明亮的空间环境，并以女生最爱的马卡龙色调妆点空间的幸福感。

将暖色系的马卡龙色调巧妙地分布在空间与家具的细节上，例如，用餐区的黄色水管架、座椅，客厅区的天空蓝色拱门、座椅，走廊与更衣室的梦幻粉红色，每个空间都让人感到夏日甜蜜的小幸福。

原木色的用餐桌、装饰架以及地板，又为空间增添了些许的自然气息。

6.23　高贵、神秘的空间设计，展现迷人的室内色彩

　　紫色和蓝色是优雅神秘的颜色，这两种颜色天生具有高贵的贵族气质。在家居装修中也是很多人想要尝试的颜色。但如何合理运用搭配这两种颜色，使其看上去既惊艳又不俗气呢？下面看几个案例。

　　该空间设计属于哥特式风格。整体空间采用大面积的紫色调和褐色调进行色彩搭配，充分展现出斑斓富丽、精巧迷幻的空间环境。

　　浓烈的紫色调软装饰加上褐色调的家具搭配，热烈的空间色调，尽显高贵、神秘的空间氛围，让人不能忘记。

　　圆形吊顶总能让处在空间的人自己去悟、去体会美的本原，捕捉到艺术所表达的意境。

　　实木的装饰，完美地划分了娱乐与客厅区域。

　　该餐厅设计属于雅致的新古典风格。运用新古典的设计手法营造高贵气氛，将古典欧式元素与现代设计手法相结合，使空间在欧式华丽大气的同时又省去了古典欧式的过分繁复。

　　餐厅采用褐色家具、窗框，与黑灰花纹的地砖的运用，加上几分"安逸"的蓝色以及不拘一格的软装饰点缀，使整个空间设计高贵大气，彰显主人高贵的生活格调及品位。

　　该客厅设计属于雅致的混搭风格。整体空间将现代元素融汇于传统传承中，强调空间设计的延续性。

　　整体空间采用紫色调的色彩进行整体的空间搭配，充分营造了高贵、神秘的空间环境。

　　通过室内设计的元素、色彩、功能表现等全面阐释个性的空间环境，努力打造了既有现代生活元素又包含一定古典元素的家居设计。

　　对称式的家具摆放，以及各种条纹图案的应用，充分营造一种自然典雅、高贵浪漫的气质情调。

6.24 海洋主题空间设计，让你时刻拥有清爽空间

大海总是让人神往，用海洋蓝色的装饰品来装扮自己的居室，别致而富有情趣。清爽的海蓝色不仅让我们身心愉悦，仿佛也能为居室带来徐徐海风，让你时刻拥有清爽的空间环境。

该卧室设计属于淡雅的英式田园风格，采用蓝色系的色彩搭配白色为主色，加以些许的棕色作点缀，充分营造出清爽自然的空间环境。

淡蓝色与白色相间的碎花床围帘以及床品，在室内环境中给人感觉悠然、舒畅的自然风。稍深一些的蓝色天花板，与床边的蓝色座椅相呼应，为空间增添了一丝沉稳感。

棕色的床头柜以及台灯，与户外的棕色座椅相统一，共同创造出简朴、高雅的氛围。

该客厅设计属于淡雅的美式风格。整体空间采用纯天然的矢车菊蓝色为主色进行色彩搭配，撇开世俗的烦恼，回去原生态，打造浪漫与清爽，融入了多元素，避免粗糙。

墙上的挂画飘扬出海，与整个空间的颜色相得益彰。

石制壁炉的独特之处在于找不到完全相同的两个石头。好处在于安全，不论建造什么样的壁炉，石材是最安全的材料。

该卧室设计属于淡雅的地中海风格。通过空间各个细节的装饰搭配，完美地表达出地中海风格自由精神内涵。

整体空间采用蓝、白色为主色进行色彩搭配，展现出充满凉意的空间氛围。

即使采用白色的墙面，蓝色系的床品和窗帘加上棕色的地板及灰色的地毯，同样可以营造海洋风的氛围。

6.25　天真烂漫的少年时代，童趣十足的儿童房

　　孩子作为家庭的未来，可以说每个父母，都希望孩子能有一个快乐的童年，能健康茁壮地成长。而精心设计的童趣儿童房，就能让孩子快乐地成长，倘若把孩子的房间变得更有趣，那么一定能在孩子的童年中留下难忘的回忆。

　　该儿童房设计属于简约的现代风格。整体空间采用蓝色和米色为主色，搭配黄色、绿色和白色为点缀，充分展现出清新自然的空间环境。

　　淡蓝色的墙面让这间儿童房空间中充满了淡淡的优雅气质，这样的一间儿童房很适合男孩子居住。

　　大面积的窗户给予这间儿童房足够的自然采光，精致的蓝色星星吊灯则体现出男孩房对星空梦的想法，有独有的优雅气质。

　　该男孩房卧室设计属于简约的现代风格。以极具设计感的空间造型展现在人们的视野中，充分展现出十足的童趣感。

　　以汽车修理厂作为儿童房主题，还搭建了二层小阁楼，满足孩子开汽车的梦想，可以让孩子在这里尽情玩耍。

　　天花板和墙面主色调为蓝色，让孩子在自家天花板上就能看见蓝天白云，心情一定很明朗。

　　该女孩房卧室设计属于甜美的美式风格。整体空间采用粉色调为主色调进行色彩搭配，会为儿童房增添一丝浪漫的氛围，让浪漫从小开始养成。

　　以公主皇冠造型作为床头，与深粉色的床头软包设计相呼应，再加上水晶吊灯的装饰，满足女孩子公主梦的幻想。

　　粉色与米色相间的家具设计为空间增添了些许的柔和感，非常适合女孩子居住。

第 7 章

定制自己的个性化室内搭配

随着时代的不断变迁，人们对生活品质的要求不断提升，对家居装饰的要求也不断提高。为了家这个温馨的港湾，在装修时会出现一些烦恼：怎么将空间装扮得既精彩又不烦乱？又如何把小空间的户型变得更加宽阔？又怎样搭配家具？怎样为室内环境注入更多的文化内涵，增强环境中的意境美感？在室内搭配时遵循一些原则，才能装扮好室内空间。下面介绍一些方法。

在家居生活装修中要抓住主题，使每个元素要相互融合统一，才能令空间精彩万分。

狭小的空间可以使用大面积的窗户或镜面装饰令空间更为明亮，也在视觉上增加了扩容感。

注重细节方面的装饰，例如儿童房中的书桌、床的拐角位置，为了防止磕碰到儿童，在家具的选择上尽量采用圆角家具，或者是装饰防撞贴。

在材质的选择上，根据主人的要求及空间所要打造的风格，可以选择实木、铁艺等材质。

7.1 利用镜面装饰，扩大空间面积

镜子最基本的用途是出门前的衣装整理或装扮仪容等，但在现代家居装修中，镜子也具有其独特的装饰性。精美、精致的镜子装饰，搭配室内其他家具可以提升空间品质感。因其具有反射光线的特点，能够产生扩容感，从而增加空间宽阔感，并提升空间的明亮度。

简约的空间，用镜子展现艺术气息

该客厅设计属于简约的现代风格。客厅左侧靠墙摆放着一面落地穿衣镜。在为居住者提供整理仪容方便的同时，又让整体空间不显得那么单调。

金属花边造型的镜子，为简约的室内环境增添了一丝艺术气息。

家具和日用品采用简单的线条造型，这种搭配具有灵活、流动的功能性。

户型较小，用镜子扩展空间

该客厅属于小户型的室内空间，因户型较小，在客厅椅子后放置一面大型的落地镜，可以通过放置的镜子在视觉上增大空间面积。

从中可以看到整个空间的装饰，在视觉上扩大了空间。

蓝色的座椅加上红色的装饰物作为点缀，使得空间具有现代感。

银面镜子，光亮增加扩容感

该卫浴间设计属于现代风格。整体采用原木色的大理石建筑设计而成，给人一种天然、简洁的感觉。

洗漱台上方采用几块银面镜子拼接成一个镜面墙，对面则使用光滑的黑色瓷砖做墙体。运用镜面反射的作用，相互横向扩容卫浴空间。

镜面将空间原本的"尽头"扩增到另一个"开始"，使空间视觉得到延伸。

7.2　选好灯具，点亮空间重点

　　在家装中灯光是最好的配合者，一款别致的灯饰不仅能给家装带来视觉上的灯光体验，同时带来温暖亲切的灯光效果。选择一款适合自己房屋的灯具也会为温馨的居室增添艺术韵味。

柔和的灯光，打造温馨的餐厅环境

　　该餐厅设计属于怀旧的工业风格。餐桌中央的吊灯采用三片式灯罩设计而成。

　　流畅飘逸的线条、柔和而丰富的光色使整个餐厅洋溢出浓郁的艺术气息。

　　该设计使光线通过层层累积的灯罩形成了柔和均匀的效果。

　　灯罩的阻隔在客观上避免了光源眩光对眼睛的刺激。经过分散的光源缓解了与黑暗背景的过度反差，更有利于视觉的舒适。

明暗的光影组合，营造出温馨的用餐氛围

　　该餐厅设计属于简约的欧式风格。餐桌中央位置摆放一个较大的水晶灯，灯光粼粼，闪耀出无限的光芒。

　　加上使用壁灯与吊灯组合的光源效果，创造出典雅闲适的餐厅空间。

　　该灯光打造的空间散发着温馨的暖意，并且在明暗光影的组合下更具有排解压力的舒适感。

精致小巧的灯光，营造浪漫气息

　　该厨房设计属于简洁的现代风格。在墙壁上使用精致小巧的吸顶装饰厨房展架，柔和的灯光给人营造出浪漫感。

　　小巧的灯光散发着美丽的弧形光晕，为厨房增加一丝艺术气息。

　　白色的收纳格、优美的花瓶摆饰，同时搭配上灯光的照射，使厨房更加美不胜收。

7.3 让楼梯的拐角丰富多彩

　　楼梯是楼层间交通用的主要构件，楼梯的造型还起到点缀空间的作用。在家庭装修过程中楼梯往往会被忽略，如若把楼梯及其周围好好规划一番，巧妙地处理，也能起到很好的装饰、收藏和展示作用，让生活也更加惬意。

螺旋式楼梯，增添空间吸引力

　　该客厅设计属于复古的现代风格。经典格调搭配，墙上的文化石给人一种复古氛围。

　　黑白搭配比较跳跃，用绿色植物做中间调色，平缓过渡，给人一种稳健的感觉。

　　铁艺工艺楼梯，焊接点均匀、密度性强、较牢固。螺旋造型优美动人，为空间提升了很好的吸引力。

双通道楼梯，增添了生活的乐趣

　　该楼梯间设计属于现代风格。将楼梯做成了一个装饰性和功能性相结合的楼梯，给空间带来了灵活性、流动性。

　　实木材质的楼梯可调理空间的湿度，同时给人以轻松、舒适之感。

　　楼梯为双通道设计，一边为滑梯，一边为楼梯，为生活添加了生活情趣，使主人拥有回归到童年的感觉。

充分利用楼梯空间

　　该空间设计属于简约的现代风格。利用室内空间在楼梯处嵌入一个开放式展架，活用了空间死角。

　　混凝土的楼梯与实木的书架完美地砌合在一起，安全实用。

　　奇思妙想的设计充分发挥楼梯处可利用的功效，为空间构造出精美的景观。

7.4　原木家居，打造自然清新的居住空间

通常生活中，往往从家居设计中就能体现出户主的爱好和品位，其中原木家居的自然简约很符合现在年轻人喜爱的家居搭配，是当今较为流行的家居搭配之一。

原木家居，营造温馨的氛围

该卧室设计属于清新的田园风格。室内的家居搭配采用原木的家具搭配而成。

在原木色的床上休息，显得非常温馨惬意。而渐变色的台灯加上白玫瑰的相伴，清新自然。

阳光穿透纱幔，照耀在床前显得淡雅多姿，更增添了室内的幽静。

原木的家具搭配，创造典雅的室内环境

该客厅设计属于古典的美式风格。采用褐色实木的桌、椅、柜等家居进行搭配，每一件都是精心选择的，充分展现出华美浪漫的室内环境。

在室内的窗户上半部采用拱弧形，在伸空间高度的同时为室内提供良好的采光。

原木的质感，营造出纯朴的氛围

该客厅设计属于怀旧的乡村风格。整体空间采用原木材质制作室内构架，展现出乡村风格的自然舒适性原则。

原木的家具作装饰，充分显现乡土风情。而各种花卉的装饰使空间带有浓烈的大自然韵味。

7.5 角落里的风景，美边柜装扮技巧

在家居搭配时，家里的角落空间一不留神就会成为死角，大为影响美观。如果在角落空间摆上边柜，它不会太占据空间，反而能更好地成为收纳空间。在柜子上摆放绿植，又会成为一道靓丽的风景线。

鲜活的床边柜，为空间增添生机

该卧室设计属于淡雅的田园风格。室内采用石青色做墙壁色调，搭配草绿色以及白色的软装饰，展现出空间的生机与活力。

绿色的床边柜，彰显品位之初的原生态。铁架式的床体，简单时尚。

简单有讲究的设计，奠定现代简约风格的基调，彰显主人的雅致情趣。

简约的床边柜，起到稳定作用

该卧室设计是以现代化的装修与牡丹的古典花纹纹饰完美结合，展现出高贵而优雅的室内环境。

颇具现代艺术的床边柜，并不耀眼，但陪衬得恰到好处。

床品上的牡丹花，鲜艳而茂盛，为室内营造一种鲜活的气息。

小巧的柜子，实用性较强

该卧室设计属于简洁的现代风格。紫色奠定了空间的主色彩基调，白色作点缀，起到平衡视觉的作用，营造优质的睡眠空间。

床的左侧放置着小巧的床边柜而柜上摆放着一盏台灯，二者搭配正合适。

简洁的白色家居作点缀，中和了紫色带给人的沉重感，并点亮了整个卧室空间。

整体空间面积虽小，但家居布局有序，并不拥挤。

7.6　空间中的俏皮色，点亮空间环境

在室内的家居搭配中，不同色彩的室内搭配，营造出的空间氛围也各不相同，素雅的白、清新的绿、暖意的黄等色彩都是打造绚丽空间的点睛之笔，所以家居搭配得宜，对整个空间的装扮更能达到事半功倍的效果。

一抹绿色，增添生机

该客厅设计属于简约的现代风格。整体空间采用白色为主色，点缀青蓝色，为空间增添些许生机。

青蓝色和浅黄色相搭配的抱枕坐落在白色沙发上，清脆而不张扬、清爽而不单调。

室内由白色填充，简约、纯洁。而其他青色调的软装饰的点缀，为整体空间增添了些许明快感。

些许黄色，展现活力

该餐厅设计整体空间以绿色玻璃和褐色地板作主基调，加以黄色作点缀，为沉重的空间带来了一丝活力。

餐厅的餐椅为黄色，在基于中性风的空间中格外突出，使用大胆的黄色占据整个空间的中心，让原本安静的空间尽显活泼与跳跃。

红色调饰品，营造热情氛围

该客厅设计属于美式风格。整体空间以灰色调作为客厅设计的主基调，加以粉红色作点缀，为沉稳的室内环境增添一丝热情。

选用粉红色的枕头和长毛绒毯，为灰色调的房间增添了色彩。

圆形的白色咖啡桌坐落在房间中央，使其与周围形成了鲜明的对比，从而展现出时尚雅致的空间设计。

7.7　巧妙布置室内植物

　　家居装修要达到美观、舒适的要求，不仅可以配备必要的家具，还可以巧妙地运用一些花卉植物进行点缀。植物在室内装饰也称植物造景艺术，人们将自然界的花卉植物引入室内可以达到赏心悦目、舒适宜人的美化效果。

绿植，让生活充满生机

　　在电视墙的附近放置一盆绿植，为空间增添了自然生机的氛围。

　　黄色的花盆、同色的座椅也为空间添加了活力的色彩。

　　绿植可以美化环境、净化空气，为空间增添自然的氛围，也体现主人热爱生活的态度。

植物色彩与家居相协调，增添平和感

　　该室内设计属于古典风格设计。在茶几上摆放的花艺以及椅子后方的绿植，瞬间提升了居室的优雅、自然，增添空间的韵律美。

　　其中白色花盆衬托绿色花身显得纯朴大方，充满平和感。

　　花卉植物的色彩、形态与家具物品色彩相互协调，达到相互衬托、相得益彰的效果。

大面积绿植，增添舒适自然之感

　　该浴室设计属于创意的现代风格。整体空间设计注重了实用性与艺术性的结合，给人一种放松、自然的氛围。

　　浴室的矮墙墙面是一种自然的植物生活，以保持温暖和空间湿度，减少浴室空间的坚硬感。

　　整个空间充满了大自然的感觉，给人一种舒适放松的感觉。

7.8　挑选布艺，软装饰变化的惊喜

现如今，布艺已经成为打造时尚家居的主角。灵活多变的造型和丰富的色彩让家居空间变得更加美轮美奂。窗帘、抱枕等布艺装饰在客厅装饰中扮演着重要的角色，随着四季变化，适时更换个性的"外衣"，选择适当的色彩进行搭配，让它们为生活增添一份暖意，让空间氛围变得更加生动、有活力。

相呼应的布艺装饰，既舒适又和谐

该客厅中米色的沙发和抱枕与蓝色的抱枕以及茶几之间相呼应，完美的搭配为空间营造出舒适的和谐感受。

窗帘双色相间的经典设计理念、安全环保的面料，诠释出布艺装饰对家居生活的追求。

色彩明丽的布艺装饰，创造室内新生机

该客厅设计属于混搭风格。整体空间设计用色鲜艳，创造了混合的新格调。

印花的窗帘、地毯以及抱枕，蓝色的躺椅和黄色的沙发，加上带有几何图案的背景墙，让颜色鲜明的搭配在该空间中得到完美的融合，给人视觉上带来艺术性的享受，使人眼前一亮。

靓丽的色彩布艺，营造青春与活力的气息

该卧室设计属于简约的现代风格。整体空间以纯白色为主色调，搭配缤纷彩色作点缀，为整个空间增添了些许的青春与活力。

彩色图案的床上用品、橘色的花纹窗帘、悬挂座椅上的抱枕和蓝色地毯，这些新鲜的搭配都给房间添加了动感与生机。

7.9 墙面的风景，点睛装饰为平淡家居添彩

无论是一幅精美的画作，还是一系列充满故事的照片，它们都是一双双明亮的眼睛，用这些来装饰家居，更容易为家营造出浓郁的文化艺术气息，把平淡的墙面变得丰富起来，还可以体现主人高雅的艺术情操。

个性的装饰画，营造文艺气息

该客厅设计属于文艺的混搭风格。整体空间没有任何造型，给人的感觉却是舒适和不拘一格，完美地体现出居住者的独特个性与品位。

客厅中较为显眼的就是墙壁上的两幅装饰画以及墙边的装饰画，充满个性的画作为室内增添了文艺气息。红砖墙、木地板、实木拼接的茶几又给人 LOFT 风格的感觉。

由于采光充足，客厅整面的黑色墙面被完全弱化，没有任何沉闷和压抑感觉。

充满暖意的装饰画，展现温馨环境

该客厅设计属于美式风格的别墅设计。整体空间采用暖色系的墙面和简单的线条进行装饰，展现出优雅有内涵的空间环境。

墙壁上下摆放着两幅油画，极具艺术气息。以下方的壁炉作烘托，为整体空间营造一丝暖意。

采用拱形的落地窗，提升了房屋的空间感，给人一种宽敞通透的感觉。

蜂蜜色的墙面、橘色的单人躺椅，以及同色系的地毯，都给空间带来一种暖意，使人感受到温馨。

文艺的装饰画，展现书香底蕴

该客厅设计属于新中式风格设计。整体空间的色彩选用较为古朴的灰色调进行搭配，营造出书香世家的氛围。

传统的空间摆设，墙面的颜色为白灰色，地面及家具采用深灰色调，使得空间具有层次感。

墙上摆放的黑白画、四格照片，给人一种沉稳、古朴的感觉。而桌面上摆放的绿植，又为空间增添了一丝生机感。

7.10 空间图案吸睛大法

现如今，室内空间设计不仅要实用，满足物质的需求，更重要的是要满足对整体环境的文化内涵、个性品位等的精神追求功能。在进行设计时，通常采用一些装饰性的图案来表达美好的愿望，使物质空间和精神空间更好地融为一体。

绿植壁纸，带给你自然的清新

该厨房设计属于简约的现代风格。在空间中应用饱和度较高的柠檬黄、蓝色、绿色和粉色，让整体设计充满活力的同时，又彰显自己拥有的独特"情绪"。

将地板做成现代的经典拼花处理，以人字纹图案的形式进行彩虹般的拼接，让整体效果极具视觉冲击力，独具匠心，让人眼前一亮。

极具梦幻的壁纸，打造属于自己的世界

该卧室设计属于清新的儿童房设计。整体空间采用森林图案壁纸环绕墙体，呈现出清新、环保的氛围。

森林壁纸不仅延伸空间视觉感受，更让孩子在居室中体会身临其境的梦幻丛林感觉。为小主人打造出属于自己的童话世界，既风雅又充满童趣。

身临其境的视觉感受

该卧室属于明亮的儿童房设计。整体空间设计成一个八边形的立体盒子，创意感十足。

简单的家具布置，搭配浅蓝天空的壁纸，给人一种清澈湛蓝的感觉，整个空间充满了童趣。

7.11 空间中的点线面，打造层次感空间

室内空间中，点、线、面的交织、延伸都能勾勒出不一样的美感。如行云流水般的线条，也越来越多地被设计师运用到家居的装饰中，让家的视觉变得更加鲜活、灵动、舒缓和柔美。

时尚的室内设计，营造惬意的生活氛围

该洽谈室整体空间采用点、线、面相结合的艺术表现手法制作而成。

壁灯、射灯是空间中的"点"，墙壁由一条条"线"构成，墙面、地面则组成了"面"。

点线面的结合，使得空间更具层次和韵律。

简洁的空间设计，打造极具美感的环境

该展厅设计属于简约的现代风格。整体空间以点、线、面的元素形态设计而成。

整体空间以白色、黑色为主色调，简洁而极具设计美感。墙面悬挂的艺术作品则令空间充满艺术气息。

展厅中间摆设展柜，是重点展示的艺术品。

极具特色的空间设计，增强空间立体感

该客厅设计属于简约的现代风格。整体空间中大面积凸出的墙体为空间增添了立体效果。

黑白色调的室内搭配，展现出整洁雅致的室内环境。点缀少许绿植，为沉稳的室内环境增添了些许生机。

在墙面上凸出的墙体可以当作装饰架，摆放一些摆件，既美观又实用。

7.12　通过色彩，搭配出不同季节的空间装饰

在现代室内设计中，色彩是影响人精神生活的一部分，因此室内色彩的均衡感很重要。环境色彩切忌"百花齐放"，要注重色彩的明暗和面积的均衡感，建议明度高的色彩在上，明度低的色彩在下，以免产生头重脚轻的效果。各区的色调一定要和主色调相互协调。

春意盎然的室内设计

该客厅属于混搭设计风格。整体空间运用大量不同类型的绿色进行搭配，呈现出一种春意盎然的景象。

空厅中白色、玫瑰红、灰色的沙发对空间加以调和，让居室更加富有朝气和生机。

墙上的圆形图案装饰画与绿色图案的地毯相呼应，成为整个客厅中较为亮眼的存在。

简约清新的室内设计

该厨房设计使用靓丽的色彩装饰整个空间，采用活泼的色彩相互搭配，使视觉感官更饱满，增强空间感。

充分利用了空间，直线型的厨房设计，具有较强的空间感。

绿色搭配粉色、蓝色，具有活力、温馨的感觉，给空间赋予生命力。

淡雅温馨的室内设计

该儿童房设计采用简单的欧式家具搭配而成，为儿童玩耍提供空间条件。

棕色的床品搭配浅蓝的壁纸，给人一种恬静淡雅的感觉。

墙壁上的床幔可以独立出空间，给人一种浪漫的氛围。

7.13 大胆尝试将一面墙刷成彩色

一面精美的墙面，就是一个明亮的眼睛。用充满色彩的墙面来装饰家，比起普通的家居装饰品来说，更容易为家营造出浓郁的感官气息，把平淡的墙面变得明亮起来，还可以体现主人高雅的艺术情操。

该客厅设计属于简约的现代风格。整体空间以浅黄色墙面为主体，搭配绿色碎花的布艺沙发，墙角里面的绿植，使得空间展现出清新自然的氛围。

整个空间简单、干净，给人提供一个休息放松的空间。

该卧室设计属于简约的现代风格。整体空间以紫色和蓝色为主色进行色彩搭配，是较为时尚的组合设计，充分展现出新鲜、明亮又神秘的氛围。

紫色的墙面，为房间添加正能量，而蓝色和紫色的家具搭配，既和谐又统一。

艺术品和其他有亮点的装饰品，为空间增添艺术气息。

该书房设计属于怀旧的美式风格。整体空间设计以苹果绿为主色，褐色为点缀色，二者进行搭配，可以使人心情放松。在读书休憩放松之余，环顾四周的绿色可以放松眼睛，缓解疲劳。

在书房中增添了传统的桌椅，在现代风格的空间中增添了复古的味道，使人更容易集中精力工作和学习。

7.14　各种主题的儿童房设计

　　儿童房是孩子的卧室、起居室和游戏空间。当父母和设计师为孩子设计儿童房时，总会先征询孩子的意见，甚至让孩子参与设计，这种做法对于儿童健康成长、培养儿童独立生活能力、开发他们的智慧具有重要的意义。

动物世界主题的儿童房

　　该儿童房设计以动物世界为主题，是女孩房常用的设计主题。

　　将多种可爱的动物，如长颈鹿、大象、河马等动物卡通化，摆放在空间中，非常生动有趣。

　　铺设柔软的地毯，适合小朋友玩耍，并且采用彩色拼接的地毯，非常亮眼。

太空主题的儿童房

　　该儿童房的主题设计属于太空主题，空间中的天花板被刷成了太空的场景。抬头仰望，在自家天花板上就能看见各种星球，让人宛如置身太空的感觉，奇妙又充满童趣。

　　同款太空场景的床品与天花板相呼应，让整个空间看起来更加形象，同时营造出一种无限的遐想氛围。

航海主题的儿童房

　　该儿童房的设计属于航海主题，是一个经典的男孩儿童房主题，但它对于女孩子来说同样是很酷的。

　　整个空间以白色、蓝色和红色为主色调，搭配一些条纹、锚和航海配件，让整个空间看起来更加形象。

　　同时以帆船的造型打造儿童床，给孩子无限的遐想空间，整个儿童房空间层次感丰富且具有童趣。

7.15　吊顶装饰，打造出有层次且一致的空间

　　吊顶是屋顶最重要的装饰之一，它的设计堪比化妆，使得家里立马显得有档次。看似轻描淡写，实际上是家中的点睛之笔。吊顶能用来区分不同的区域位置，增添家中的美观性。一个优秀的吊顶装饰，可以打造出有层次且与整体空间设计相融合的视觉效果。

　　该厨房设计属于简约的现代风格。整体空间设计采用白色为主色，搭配巧克力色和深灰色为点缀，是一种比较时尚大气的色彩搭配。

　　空间中较为吸引人眼球的莫过于吊顶设计，人字形的阁楼顶棚设计，提升了整体空间的高度，其上方简洁的吊灯装饰，既不影响自然光的照射，也可以为夜晚用餐提供良好的光源。

　　巧克力色橱柜典雅尊贵，独特亦沉稳。在墙角处整体贴上不规则砖块来装饰，弥补因阁楼过高所带来的空旷感，也起到分化区域的作用。

　　该卧室设计属于粉嫩的女孩房设计。HelloKitty 的吊顶灯是空间中亮眼的存在。与其四周的灯带相呼应，提升了空间的层次感。也为空间提供了柔和的灯光照明，有利于保护孩子的眼睛。

　　粉色系的软装饰搭配，充分展现出女孩房可爱、天真的特点，童趣感十足。

　　该空间设计是一个现代开放式布局的厨房。整体空间采用淡雅的米色、原木色以及浅葱色进行搭配，明亮的室内环境，营造一种清爽自然的氛围。

　　原木色的弧形天花板是房间的焦点，提升了空间层次感。而天花板中有内置的吊灯为房间提供照明。

　　清新的浅葱色橱柜，加上来自毗邻餐厅窗户的充足日光，再配以两个水晶吊灯的装饰，展现出宽敞明亮的室内环境。

7.16　多功能家具设计，提升空间利用率

随着城市的发展，人口的增多，我们的居住空间越来越小，多功能家具越来越多地出现在我们的生活中，随之也诞生了许多优秀多功能的家具设计。一个优秀的多功能家具设计在节省空间的同时又具有美化空间环境的效果。

简约设计的楼梯间

该楼梯间设计属于简约的现代风格。整体空间由采用黑色的铁艺与原木材质相结合制作而成的家具以及楼梯搭配而成。简约的设计，符合现代年轻人的家装审美，同时也是现在比较流行的 LOFT 家装设计。

该楼梯采用多功能的楼梯设计而成，开放式的黑色铁艺框架，保留了楼梯设计透明的特性。

该楼梯兼具收纳、办公、储物的功能，绝对的实用与美观。

可折叠收在墙上的桌椅

该客厅设计属于美式风格。空间中这款桌椅是可折叠收在墙上的桌椅。其最大特点为能轻松折叠固定在墙上。整体造型以拼图的概念设计而成，造型新颖、使用方便。

当不使用时，整组桌椅可收折成一大片"拼图"挂在墙上。当要使用时，只要把桌椅"拆折"下来即可，如此就可以让家里腾出更多空间。独特的折叠式设计实用又美观。

多功能壁柜转换成床

该空间设计属于简约的现代风格。立靠在墙边的双层壁柜只要拉开旁边把手，用力往下一拉，一张简易的单人床即刻出现在眼前。

而关闭之后，单人床就被隐藏在墙边，此时完全可当储物单元来使用，设计构思着实让人眼前一亮。

这类家具集多种功能于一体，占地少、灵活性大、功能转换简便，正是时下年轻人所青睐的。

7.17　独具特色的收纳设计，让空间环境更美观

....

　　每个人的家里难免会有很多杂七杂八的东西，即使有很多储物柜，如果不好好利用，总感觉使用起来不方便、不顺手，也不美观，此时就需要在家中摆放一个独具特色的收纳家具，这样可以让空间的环境变得更加整洁与美观。

创意的收纳层板设计

　　该墙壁的收纳设计以萧瑟的落叶、枯枝为灵感。整体设计保留了树枝的样貌，仅做简单的上色处理，让木头呈现沉稳的黑色。

　　让树枝维持倾倒的状态，仿佛经过强风吹袭一般，显得更动感活泼。

　　在树枝上放上薄片玻璃，使得原本毫无"招架"能力的树枝顿时变身成为书架或书桌，非常符合极简风格的设计特点。

可任意调节的创意家居收纳

　　该收纳家居设计以原木色调为主色，清新又自然。

　　整体设计通过调节可前后移动的木钉设计而成，是比较人性化的创意产品。

　　该设计非常适合摆放在简约的现代风格的室内设计中，既实用又美观。

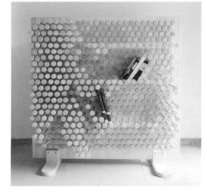

灵活的收纳设计，为空间增添生机与活力

　　该客厅设计属于简约的现代风格。整体空间设计以米色为主色，加以其他色调作点缀，充分展现出时尚的现代气息。

　　在背景墙上方装饰着一个以 S 形为造型的收纳空间，书架中间多个隔断，方便摆放各种物件。

　　灵活的收纳设计为时尚的室内空间增添了些许生机与活力。

7.18　利用几何概念，打造出立体的空间视觉效果

　　几何概念不单是一个图形，在家饰搭配中，几何元素发挥了重要的作用，对于百变的几何元素，让人每看一次都有新的发现、新的感受，永不落伍的几何元素将会是你家不可缺的时尚要素。

　　该空间设计犹如绘画中突然闯进一个时空隧道，超凡脱俗，设计感十足。

　　利用一系列的三角形和四边形切合出"反向立体"的效果，从而创造出立体视觉的效果。

　　每一个立体的空间，都采用不同的色调设计而成，让人感受到整体空间的温馨与快乐。

　　该别墅客厅设计在空间中同时由多个不同几何造型切割交织所组成的电视墙体，加上墙面的垂直水平线条对应天顶交错的几何量体，凸显出华丽大气的空间氛围。

　　落地窗的设计，使得充足的日光从屋外迎面而来，地面上华丽的大理石搭配晶莹剔透的水晶吊灯，勾勒出电视墙利落的线条，延伸着华丽与时尚的墙面，营造出豪宅气势的底蕴。

　　该卧室设计属于简约的现代风格。空间中以大地色为主调，呈现静谧质朴的调性，营造沉淀专注的气氛。

　　在空间中的阅读区采用几何元素设计而成，以纯粹时尚的墙面，赋予开阔舒畅的视觉感受。

　　整体空间以线条的细节进行勾勒，让工作桌及柜体线条呈现鲜明对比，在整体视觉上增添生活意趣。

7.19　开放式格局，大气通透的空间环境

　　开放式格局的空间设计是一种超现代的室内设计风格，其设计的主要内容就是打破传统装修设计的墙体局限，将室内的多个空间整合为一体，如书房、餐厅、客厅合在一起，形成一个多功能的开放室内空间。这样的全新室内设计概念是当今社会较为流行的设计方式。

　　该厨房设计属于华丽的欧式风格。整体空间以Ｕ形造型设计而成。开放式的格局充分展现出大气、通透的厨房环境。

　　墙面采用石块整齐堆砌而成，门的造型为拱形设计，加上墙上钟表的外形仿造舵盘形状，深色木质橱柜，花岗岩台面，整体设计给人一种华美、富丽的感觉。

　　该客厅设计属于简约的现代风格。整体空间通过针对家庭中的主空间设计而成，采用流动的布局形成公共开放的空间。

　　在这样的空间中，沙发则成了最直接的功能隔断工具。除了将沙发作为直接的功能区分之外，在视觉上也是空间层次的间断。

　　餐厅中的餐桌、餐椅起到视觉的延伸效果，这样拉大了空间比率，在视觉上起到让空间更加宽敞的作用。

　　该客厅设计方式属于面对面的开放式布局方式，这种布局方式比较适合空间小，且长度高于宽度的房屋布局，能扬长避短，让原本狭长的空间变得宽敞明亮。

　　空间紧凑而有序，通过挂画、地毯来进行区域重点的划分，区分出空间功能，在视觉上也能形成层次感。

　　空间中的挂画除了装饰的作用之外，更多的是与吊灯组合在一起形成视觉的焦点。

7.20 用心装扮生活，巧用花器营造清新空间

每一个热爱生活的人，都喜欢把形形色色的瓶瓶罐罐搬回家，真的插花也好，空着也好，不同材质的花器放置在不同空间，也能营造出不一样的感觉，成为平凡空间的巧妙点缀。

该卧室设计属于简约的现代风格。整体空间以橙色为主色调进行设计，搭配些许褐色与白色作点缀，整体色调之间具有和谐的美感。

床头柜的左侧摆放着一个插满鲜花的透明玻璃花器，为空间增添了一丝芳香的气息。使人温馨、心里舒畅，同时能安抚人的情绪，有助于睡眠。

墙面的沙棕色与床盖地毯颜色相一致，分化出空间，带来一种活泼天真的情感。突出了主体，扩大了空间。

该卧室设计属于现代风格。整体空间的色调以高饱和度的黄色搭配低饱和的灰色设计而成，让整个空间变得稳重、时尚。

背景墙由内嵌式的格局设计而成，可以在每一个小格子中摆放一些摆件。在充分利用空间的同时也为单调的背景墙增加了动感。

在其中的两个小格子中摆放着绿色、黄色的绿植与花艺，为沉稳的空间增添了些许生机。

而墙面一块的颜色对应床体颜色，使得空间感更加和谐。

该厨房设计属于简约的现代风格。整体空间以月光色为主色进行设计，简单纯净，外观大方，不奢华给人视觉舒适悠闲的享受。

在操作台上摆放着一个插满黄色鲜花的透明玻璃花器，空间中的一抹黄色的出现，亦美化了厨房环境，也为厨房增添了一丝轻快与活力。

一字形的橱柜，无多余的修饰，简约的造型，彰显厨房空间的雅致。门窗的良好采光性，有利于空气流通。

7.21　实用的走廊装饰技巧，打造放松的空间设计

　　走廊，是很多人装修的忽略点。其实走廊设计也非常重要。如果房子装修成欧式风格，走廊也要具有同样的风格才匹配。一个优秀的走廊设计，不但实用强，还能为人们提供放松舒适的空间环境。

　　该空间设计属于文艺的工业风格。采用简单的深色包边分隔出楼梯与走廊，体现出工业风格的特点。

　　走廊左侧墙面上设置着简易的书架，使整个空间富有文艺气息的同时兼有储物功能性。

　　走廊右侧采用玻璃与铁艺设计而成的矮围栏作隔断，突显了空间的空阔性。

　　该门厅的走廊设计使用了文化砖的墙面，充分利用墙面的空间，给人一种充满年代感的感觉。

　　在墙面上设置了多个挂钩和一个柜子，可以放置东西。帽子、雨伞、钥匙为家人出门必备的携带品，放在明显的墙面上，既有收纳的功能，也提醒人们不要忘记携带。

　　一个直达到楼梯的鞋柜，在视觉上延伸了空间感，既可以收纳鞋子，也可以作为换鞋凳来使用。房顶悬挂的老式白炽灯，照明了整个空间的同时增强了空间的年代感。

　　该空间设计属于简约的现代风格，整体空间以褐色调搭配米色进行设计，展现出沉稳大气的空间环境。

　　在走廊左侧的储物柜中间位置设计成内嵌式的小隔断，在其中摆放一些可爱的玩具摆件，增添了走廊的童趣俏皮感。

　　而走廊右侧墙上装饰着黑白色的艺术画，与走廊的尽头墙上装饰着大小不一的照片相呼应，让整个空间都充满了故事感。

7.22　流行风格的室内设计，展现你的个性与品位

现代人对家居空间的追求，不再只是一个可以遮风挡雨、睡觉的地方，而是要有风格，能够呈现自己品位的宜人场所。

该客厅设计属于简约的现代风格。整体空间中采用大量的米色为主色，加以棕色以及黑色作点缀，展现出时尚大气的空间环境。

客厅中的家具表面使用光滑的材质，米色客厅家具和深灰色的墙纸，表现出一种优雅而严肃的风格。落地窗搭配薄窗纱的设计，让阳光照射进来，为空间增添了明亮的效果。

该卧室设计属于华丽的欧式风格。整体空间运用大面积的金色与红色进行装饰，突显出富丽堂皇的空间环境。

墙面、天花板使用金色线条作为装饰，给空间增添了奢华、华美的气息。宽大的欧式花纹地毯摆放在地面，使得空间不会过于空旷，还能起到保护地面的作用。

该客厅设计属于雅致的新中式风格。客厅中运用了大量的中式风格的装饰品，营造出书香世家的空间氛围。

茶几采用纯实木的材料，没有做过多的造型设计，加上沙发背景墙上的装裱毛笔字，以及书架上整齐摆放的书籍，都给空间增添了传统文化的气息。

7.23 创意隔断设计，打造不同的空间环境

在如今的装修过程中，传统的隔断概念早已被打破，现在它可以使用一切能想象到的东西，从绿植到航海绳窗帘，从镂空屏风到现代调光玻璃隔断等。对于一些小型空间，隔断虽好，但容易造成空间过于视觉拥堵，这时在隔断设计时，就有必要选择一些扩容感的设计。充满创意的隔断，在简单的基础上又能让家看起来时尚翻倍，还能让房间更加多元化，实现品位与艺术的交融。

可移动的隔断

该空间设计属于雅致的东南亚风格。空间采用开放式的格局设计而成，很适合小户型住户。开放式格局能够展现出宽敞、明亮的室内环境。

客厅与卧室之间采用一个可折叠的移动屏风作隔断，既保留了隐私性又具有古典气息。

移动式的屏风与隔断之间巧妙地融合，打开时是一个宽敞的空间，关上则是一个私密的卧室。

照片墙隔断

该空间设计属于简约的现代风格。空间中采用照片墙作隔断的设计，不仅能够将空间进行分隔，而且可以营造氛围。

照片墙上的照片是整个室内比较具有吸引力的存在，会吸引人们驻足观看。

线条隔断

该空间设计属于简约的现代风格。空间中采用线条形的设计做隔断，不仅有线条的曲线美，而且在视觉上也很好地体现出了艺术的美感。

采用这种线条隔断，不会影响光源的照射，还能很好地把空间隔开来。

在线条隔断上方装饰着两个木质的置物空间，不同的材质和收纳功能的设计，很好地起到装饰空间和分隔空间的作用。

7.24　各种主题渲染的卫浴空间，带给你无限遐想

卫浴空间是房子的重要组成部分，可能只有这么一个地方可以独处、放松、思考和做梦。卫浴空间的设计也是整体室内设计中不可小觑的环节。

海洋主题的卫浴设计

该卫浴设计属于简约的现代风格。整体空间以水晶蓝色为主色进行设计，搭配些许白色，为整体空间增添了些许纯洁干净。

蔓延着水晶蓝色的墙壁，演奏出清新自然的气息，给人舒爽干净的视觉效果。

用马赛克来做点缀材料，在空间上具有层次感的同时，也增添了灵活感。马赛克材质本身具有耐磨、表面光滑结实、易清理的特点。

粉嫩少女主题的卫浴设计

该卫浴空间设计属于简约的现代风格。整体空间以淡淡的火鹤红色为主色，点缀些许的白色，充分展现出一个柔和浪漫的卫浴空间。

浴室墙面为淡淡的火鹤红配上洁白的瓷砖，加上火鹤红的浴帘，仿佛畅游在梦幻中。

淡淡的色调，像甜甜的棉花糖。白色的浴缸和盥洗池在其衬托下显得尤为洁白，给人一种干净整洁的视觉感受。

森林主题的卫浴设计

该卫浴空间设计属于简约的前卫风格。整体空间以苹果绿色为主色搭配褐色作点缀，让人仿佛置身森林世界，充满自然与生机之感。

空间墙壁采用苹果绿的色彩，既有个性，又能放松眼睛，给人身心带来平衡的感受。

不规则的褐色镜子墙下方摆放着石头的洗手池，营造出清新自然的原始风光。

7.25　轻工业风的美居设计，极具创意的家

　　一个家之所以迷人，绝不只是空间布局和软装饰搭配决定的，利于情感交流的温度往往更重要。在视野开阔的空间环境中，使用温润色系配上轻工业元素的设计，最适合现代人的家装审美。

餐厅设计

　　该空间设计属于雅致的轻工业风格。整个空间以开放式的格局设计而成，餐厅在视觉上从客厅延伸到餐桌，展现出一个视野开阔的空间。

　　墙面同时也由裸砖墙转换到黑板漆和木纹砖，可作为小孩子信手涂鸦的地方，为空间增添一丝童趣感。

客厅设计

　　该空间设计属于雅致的轻工业风格。客厅以通透明亮为主要概念，透过黑色百叶窗自由调节光源，形成空间光影的流动。

　　轨道灯、工业风壁灯的运用，抢眼红砖墙的背景，形成自然不羁和复古迷人的居家情调。

卧室设计

　　卧室是家中最放松的地方，即使白天在客厅、餐厅的活动时间比较多，夜晚还是会回到这个宁静的私人领域，享受难得的沉淀时光，因此在颜色选用上不宜太过强烈。

　　采用浅色木系家具贯穿整个空间，让人感受到视觉上的惬意。

　　活泼感是儿童房的重要设定，以女孩喜爱的碎花和鲜黄色作为设计重点，赋予了空间柔和的气息。